PÂTISSERIE!
L'ultime Référence

法國甜點聖經平裝本 2

巴黎金牌主廚的
蛋糕、點心與裝飾課

Christophe Felder 著

郭曉贇 譯

做出超完美糕點的樂趣是無止境的。

Christophe Felder
克里斯道夫・菲爾德

目　錄

克里斯道夫 · 菲爾德其人

憑著對甜點的熱情以及在甜點製作這方面的才華,克里斯道夫 · 菲爾德(Christophe Felder)在23歲那年就當上克里雍酒店(hôtel de Crillon)的糕點主廚。他創新發明了許多新式甜點,特別是在日本,他還出版多部糕點著作,在企業擔任顧問,培訓糕點從業人員,甚至開設一家糕點學校,為廣大的糕點愛好者服務。他充分利用各種途徑傳播和分享他的技藝與美食。

克里斯道夫 · 菲爾德身兼糕點師傅、巧克力師傅、冰淇淋師傅、糖果師傅,出身亞爾薩斯希爾梅克鎮(Schirmeck)一個麵包師世家。受家庭環境的影響,他的童年是聞著美味的芳香度過的。長大以後,菲爾德把對美食的這份獨特感受發展且昇華為技術和愉悅的完美結合體。麵粉和麵團細膩的觸感,香草、奶油和香料的香味,水果誘人的色澤、芬芳的氣味及清脆的口感,這些對菲爾德來說都是源源不斷的創意源泉,同時也是發揮才能的發動機。菲爾德為人嚴謹且單純,最大的快樂是與人分享自己的經驗,所以他會盡最大的努力把自己的技術成果介紹給大眾,對他來說這點非常重要。培訓和指導學生占去他大半的工作時間,比重越來越高;長久以來,他堅持把自己的技能成果分享給更多的人,並和志同道合的人分享自己對美食的熱愛,這是他的人生目標。

菲爾德為人嚴謹、感覺敏銳,知識淵博,又富於幽默感:在他看來,高品質的甜點自始至終都應該為人們帶來幸福的感覺,且能夠更直接地表達本身的內涵。他所創作的甜點從不膚淺做作,總是充滿趣味;在創作過程中,超越和滿足是菲爾德始終堅持的原則。他使用桑麗卡黑罐(Pot noir Sonia Rykiel),來提高巧克力的檔次(以表達他對設計師 Sonia Rykiel 的敬意),配以新鮮多彩的異國水果。他針對日本顧客開發了一系列的甜點,以創意重新詮釋幾款經典甜點。他的創意與高雅的姿態,把人類對美食的感受發揮到極致。舉例來說:巴卡拉甜點(Baccarat),即藍莓、香草、馬鞭草口味的奶油布丁;特尼西亞(Tennisia),網球形脆巧克力百香果奶油(將優質香草及百香果奶油醬、檸檬、甜杏放入球形檸檬白巧克力內,以沙布蕾塔皮為底座);伊蓮娜(Héléna),即鳳梨、香菜和巧克力混合的果醬;親親(Le Bisous-Bisous),以麗春花、柚子、草莓、香草、藏紅花為原料的奶油布丁。這些都是他自創的甜品,全世界有很多餐館將這些甜點收錄在他們的菜單裡。

憑著出身麵包師世家的優勢,菲爾德一路走來意志堅定,貫徹始終。1981 年,菲爾德進入史特拉斯堡的里茲-沃蓋倫糕餅店當了 2 年的甜點學徒,然後從勃艮第轉到洛林區首府梅斯,之後在盧森堡的奧布維斯工作(1985 年)。1986 年,他在巴黎老店馥頌(Fauchon)工作,負責精品蛋糕、點心的裝飾。1987 年,菲爾德進入名廚季薩瓦(Guy Savoy)的餐廳工作,直至 1989 年。1984 ～

2004 年間，他一直在克里雍酒店任職，最後成為糕點主廚及整家餐廳的主廚。23 歲那年，他就成為克里雍酒店的糕點主廚，也是巴黎地區最年輕的糕點主廚。他在這家餐廳裡的創新甜點，至今仍是業界公認的經典之作。

在克里雍酒店工作的這些年來，菲爾德從未停止過對團隊夥伴的關心，他培養並激勵許多年輕的人才。如今，當年他培養的人才都成了巴黎著名餐館的領導人物，他們也都繼承菲爾德的精神，繼續培養團隊和人才。2002 年，菲爾德同時展開他的顧問生涯，為在日本的亨利．夏邦傑（Henri Charpentier）擔任烹飪顧問。該品牌擁有 50 多家高品質的糕餅店和茶房。之後，他把擔任糕點顧問的經歷和創作的糕點產品帶回巴黎和史特拉斯堡，同時還在法國與日本、美國、比利時、西班牙、巴西、德國、墨西哥、荷蘭、義大利、烏拉圭……等世界各地，舉辦各種培訓和示範課程。

2004 年，他成立了克里斯道夫 · 菲爾德－態度甜點公司；2005 年，與朋友一起收購史特拉斯堡的克雷貝爾（Kléber）酒店、ETC 酒店，之後又收購了位於奧貝奈（Obernai）的總督酒店。他們把這幾家酒店重整，最後成了主題糕餅店。菲爾德於 2009 年在史特拉斯堡開辦克里斯道夫 · 菲爾德工作室，這是對一般大眾開放的糕點學校。他的糕點學校甚至開到巴黎兒童遊樂場裡面，巴黎人每週都能享受到糕點課程帶給他們的快樂體驗。

菲爾德在職業生涯中，曾獲獎無數，比較特別的是獲頒藝術及文學勳章（2004 年）和美國德州的榮譽市民（1999 年）。1989 年在史特拉斯堡，得到歐洲博覽會評審委員團頒發的金牌廚師獎。1991 年，獲得巴黎最佳甜點師獎。2000 年，他首次獲頒黃金瑪麗安獎，被《世界報》選為「未來五大廚師」之一。2003 年，在巴黎舉辦的法國霜淇淋大賽中獲得頭獎。2005 年，他出版的《我的 100 道蛋糕食譜》一書獲得最佳糕點圖書獎（從 600 本圖書中選出一本）。2006 年，他的《法國甜點聖經》理念和食譜作法的步驟圖，被安古蘭旅遊美食指南授予創新理念獎。2010 年，獲頒國家功勳騎士勳章。

菲爾德不僅是一個廚師，也是一位作家，出版過好幾本著作，透過這些作品的出版，將他熱愛的甜點藝術與讀者分享，有些書被翻譯成好幾國語言。自 1999 年以來，他寫了二十幾本專業書籍，由密內瓦出版社出版，包括《克里斯道夫的水果蛋糕》和《克里斯道夫焗菜》（2001 年）、《克里斯道夫的巧克力》（2002 年）、《我的 100 道食譜》（2004 年）、《冰淇淋和冰淇淋甜點》（2005 年）、《美味馬卡龍》（2009 年）、《美味肉桂甜酥餅乾》（2010 年），以及最寶貴的《法國甜點聖經》系列（2005-2009 年），共 9 冊。

追求完美糕點的樂趣
是美妙的體驗

5 年前我決定著手《法國甜點聖經》的理念設計，2005 年出版了第一冊《降臨節蛋糕》。之後，陸續出版了 8 冊，這幾冊是一個完整的系列，如今我決定把它們全部收錄到本書中。

我出版這本系列的目的是什麼？為什麼是《法國甜點聖經》呢？其實目的只有一個：消除大眾在做糕點時的挫敗感，保留這些糕點的原味，同時去除誇張繁雜的炫技。我希望在不降低作品品質的情況下，把我精心簡化的甜品技巧分享給大眾。

我是第一個逐步推廣這種課程理念的人，效果顯而易見：從 2006 年起，這一系列先後獲得了安古蘭旅遊美食雜誌的創新獎。如今，我的理念已逐漸為大眾所接受：從兩、三年起，不少雜誌開始報導和推廣我的理念，這點證明我這種方法是對的。事實上，糕點製作不同於傳統烹飪，糕點製作是一門精細準確的技術。

糕點製作從第一個步驟起一直到最後的成品，這一過程的每一個步驟都要求操作者必須具備扎實的基本功，稱重、測量、時間控制等，每一個環節都極其嚴格和精準。操作者應抱著學習的態度，認真且嚴格遵守每一道步驟，唯有立足於基礎上才能進一步談創新。我們不能弄虛作假，或隨意篡改材料的份量：一定要克制自己，嚴格按照基礎食譜上的用量操作。

乍看之下，這樣的要求似乎很苛，可能會讓很多原本喜歡糕點但尚未掌握技巧的人望而卻步。為了消除大家的顧慮，我設計了分解步驟，便於讀者更直接了解具體的技巧，透過分解圖，傳遞給讀者最大量的訊息。

無論如何，我認為最重要的仍是要忠於糕點製作這門藝術。你會發現這本合集裡的都是專業食譜，我沒有刪除任何一部分：沒有刪除任何材料，也沒有捨棄任何一個細節，更沒有簡化步驟或結構，我只刪除原本深奧的專業術語表達，更精確地規範敘述，更準確地示範操作技巧。我秉持精準通俗的原則撰述，不想搞得像科學理論般讓人困惑難懂。所以，讀者可以在本合集裡找到完整的食譜，我相信透過學習，每個人都可以成功完成糕點的製作。

Christophe Felder

PART

1

經典蛋糕

製作經典蛋糕

以下是製作完美經典糕點的一些建議。

事先規劃好詳細的製作流程

首先，購買所需的食物材料。

然後，在製作蛋糕時，把所需的材料事先稱重。

餅乾最好在前一天就做好。

最後，就是完成剩下的操作順序：包含混合浸泡糖漿、放奶油、組裝、冷藏、最後裝飾等流程。

成功的烹製過程

烤餅乾時需要考慮其轉動方向，保證它在烤箱內受熱均勻。相反的，製作泡芙時則需要開啟烤箱風扇讓熱對流。

自製漂亮的展示品及裝飾品

如果想用蛋白糖霜自製一個漂亮的展示台，用於婚禮或特別節日，可以參考第 176 頁的糕點裝飾品篇，當然你也可以應用一些簡單的想法和簡易的個性化裝飾。

關於糕點的品嘗

大部分的糕點都會冷藏保存，但建議從冰箱取出後，在室溫下放置十幾分鐘後再品嘗食用。

關於糕點的保存

此單元中的著名糕點食譜都是先做成大型蛋糕，再切成所需大小食用。事實上，製作 20 人份的糕點比製作 4 或 5 人份的糕點更簡單，這也是所有甜點廚師都要親歷的經驗！別擔心將剩餘的糕點冷凍保存，會導致口感變質。其實只需在冷凍前用保鮮膜包好，等需要的時候再取出使用，同樣會有相同的口感、品質。

另外，糕點冷藏 3 ～ 4 週是沒有任何問題的，若是在冷凍食品專櫃或商店購買的糕點甚至可以保存 12 ～ 18 個月。

這個單元的所有糕點，都是以泡芙麵糊為基礎的糕點（閃電泡芙、巴黎－布勒斯特泡芙……例外），因泡芙麵糊不適合冷凍儲存，這與千層酥和草莓酥的情況一樣。

工具

最好選用電動食物攪拌機，但電動手持式攪拌器也可以滿足需求。

最好使用不鏽鋼圈模具（除了歌劇院蛋糕需要使用 3 公分的模具，其他糕點都適合使用 4 公分高的模具），或者自製硬紙板模具，另外也可以使用矽膠模具，但矽膠模具用起來不太方便，一般甜點廚師不會使用它來製作經典類型的糕點。

曲柄抹刀適合抹平奶油，它比直柄抹刀更容易操作。

當然還需要擠花袋和不同型號、樣式的花嘴（平頭、鋸齒）、橡皮刮刀，烘焙紙和烤盤，以及用於測試糖漿溫度的溫度計。

不同類型的餅乾與蛋糕

餅乾：一般情況下，會使用已與蛋白分離的蛋黃。

海綿蛋糕：使用全蛋，完全打發。

鳩康地杏仁奶油蛋糕：在全蛋的基礎上加入打發的蛋白。

達克瓦茲

達克瓦茲通常是將蛋白與砂糖混合打發，然後加入糖粉、杏仁粉（或榛果粉、核桃粉）等做成。

偶爾會添加一點麵粉，讓達克瓦茲有更緊實的黏稠感。

巧克力餅乾

在麵粉中加入可可粉；也可以加入一點融化的巧克力。若加一點奶油（5%），會使口味更佳，但是會增加製作難度，在混合攪拌時要格外小心。

各種奶油和慕斯

特級卡士達醬 crème pâtissière extra

這種特級卡士達醬是甜點廚房的必備品。但不幸的是這種奶油被過度使用，所以，我為大家提供一種製作優質卡士達醬的方法，即是以玉米粉為基礎，使用大量的蛋黃製作（可參考第 16 頁），但卡士達醬不能冷凍，須特別注意。

輕奶油霜 crème au beurre légère

輕奶油霜容易被忽略是因為它很難製作，但是在馬卡龍流行後，輕奶油霜又重新被強烈接受。

輕奶油霜屬於優質奶油霜之一，所以在準備時要選用優質奶油和格外新鮮的材料。每次製作時也需要很長的打發時間，這也是奶油霜風味的關鍵。

若將輕奶油霜冷凍，在使用前需進行再次打發，同時稍微加熱（把不鏽鋼攪拌碗放在火上加熱幾秒即可），若想吃到其它風味，可在奶油餡裡加入咖啡、開心果、玫瑰露等，增加香味特色。

慕斯琳奶油霜 crème mousseline

慕斯琳奶油霜是由奶油霜、卡士達醬和天然香料（糖衣杏仁、開心果、玫瑰露……）組成。（可應用在巴黎－布勒斯特，草莓奶油蛋糕等）

希布斯特奶油醬 crème Chiboust

希布斯特奶油醬是聖人泡芙的特殊內餡。很久以前，聖人泡芙（Saint-Honoré）就是著名食品，是在 1843 年的巴黎聖多諾黑街，由一個叫希布斯特的甜點師發明。

希布斯特奶油醬是卡士達醬與蛋白霜混合調製而成，因為製作精細繁瑣，且不易長時間保存，所以幾乎在現今的甜點店中消失，但是吃起來還是非常美味的。

巴伐利亞奶油 bavaroise

這是將英式奶油增香（加入薰衣草、開心果、香草、巧克力、肉桂等調味），再加入鮮奶油和少許的吉利丁做成。

它比口味單一的英式奶油醬更加柔軟、潤滑、細膩。（常應用在夏洛特蛋糕、焦糖香梨蛋糕等）

慕斯 mousses

慕斯是在鮮奶油的基礎上，搭配各種水果肉、巧克力及焦糖，作法簡單，但口感及質地略遜於慕斯琳奶油霜或奶油霜。

現在可以開始準備製作可口美味的糕點了，很高興與你一起分享！

特級卡士達醬
Crème pâtissière extra

- 將香草豆莢剝開，刮掉裡面的籽，與牛奶一起以中火加熱至滾 (1)，然後關火浸泡 10 分鐘後，把香草豆莢取出。

- 在浸泡期間，將 ⅓ 蛋黃倒入一個容器內，加入砂糖和玉米粉 (2)。充分攪打均勻至蛋液要成白色，但不要打過久 (3)。

- 再次把香草牛奶煮開，將 ⅓ 倒入混合蛋液中，攪打均勻 (4 和 5)。

- 然後再倒回鍋中，以大火煮開，同時持續快速攪拌 (6)，直到液體變得濃稠 (7)，離火。加入奶油，均勻攪拌使奶油與特級卡士達醬融合在一起。把做好的特級卡士達醬放入保鮮膜內 (8)，完全包裹好，避免乾燥 (9)。放涼後放進冰箱冷藏。

Advice

- 奶油霜可冷凍保存，但是特級卡士達醬是不能冷凍的。

份量：800g

準備時間＋烹調時間：10 分鐘

重點工具

不鏽鋼鍋 1 個

（建議使用內壁為不鏽鋼的銅鍋）

打蛋器 1 支

保鮮膜 1 捆

材料

全脂牛奶 500ml（重要！）

波本種香草豆莢 1 根

蛋黃 120g（約 6 個蛋的量）

砂糖 120g

玉米粉 50g

奶油 50g

1 將香草豆莢剝開，刮掉裡面的籽，與牛奶一起煮開。

2 蛋黃、砂糖和玉米粉倒入一容器中，一起充分攪打。

3 打至蛋液變成白色即可，不要打過久。

4 將煮開的 ⅓ 香草牛奶慢慢倒入步驟 3 的混合蛋液中。

5 攪打均勻。

6 然後將步驟 5 的混合液再倒回步驟 1 的鍋中，大火煮開時不停地快速攪拌。

7 拌至液體變得濃稠，離火。

8 把做好的特級卡士達醬放入保鮮膜內。

9 將特級卡士達醬完全包裹好，避免接觸空氣，放入冰箱內冷藏即成。

輕奶油霜

Crème au beurre légère

製作義大利蛋白霜

· 將水和 100g 的砂糖放入鍋中 (1)，以小火加熱，煮開後加熱至 118°C (2)。

· 溫度計達 114°C 時，用攪拌機的最大速度將蛋白與 25g 的砂糖一起打發（形成鳥嘴狀）(3)。待糖漿溫度到達 118°C 後，將其小心地倒入打發的蛋白中 (4)。以中速攪拌，直到蛋白霜完全冷卻（大約 10 分鐘）。

· 將做好的義大利蛋白霜放入一個容器中 (5)，備用。

準備時間和烹調時間：15 分鐘

重點工具

不鏽鋼鍋 1 個（建議使用內壁為不鏽鋼的銅鍋）

攪拌機 1 台

溫度計 1 支

橡皮刮刀 1 支

材料

義大利蛋白霜

水 40g

砂糖 100g

蛋白 70g

砂糖 25g

奶油霜（1000g）

蛋黃 5 個

砂糖 240g

水 100g

奶油（室溫回軟）360g

1 將水和 100g 的砂糖放入鍋中，以小火加熱。

2 隨時注意溫度計，將糖漿煮至 118°C。

3 蛋白與 25g 的砂糖一起打發。

4 將熱糖漿小心地倒入打發的蛋白中。

5 把做好的義大利蛋白霜倒入一個容器中。

輕奶油霜

Crème au beurre légère

· 用攪拌機將蛋黃充分攪打至其輕微膨脹 (6)。

· 鍋中放入水和砂糖煮至 118°C (7 和 8)，然後將其倒入打發的蛋黃中 (9)，充分攪拌至液體發白，質地濃稠 (10)。

· 另外將回溫後的奶油用攪拌機拌打 (11)，打至奶油質地均勻一致且些微脹發，形成質地潤滑的醬 (12)。

· 此時即可加入之前製作的蛋黃醬 (13) 以慢速攪拌，然後再加入義大利蛋白霜 (14)，慢慢地攪拌 (15 和 16) 均勻。在使用前，用保鮮膜將其密封常溫保存即成。

· 之後可根據口味需要，加入各種配料（如開心果、咖啡、糖衣杏仁、烈酒……）。

Advice

· 輕奶油霜可以冷凍保存。但在每次使用前，須將其放入攪拌機中慢速攪拌 10 分鐘左右，使其質地蓬鬆再使用。

· 奶油餡的品質取決於最後的攪拌，所以攪拌要充足，建議使用慢速，拌至奶油餡達最大含氧量，這樣奶油餡的口感就會蓬鬆而美味！

· 巴黎馬卡龍經常使用這種奶油餡。

6 將蛋黃快速攪拌。

7 水和砂糖放入鍋中。

8 糖漿煮至 118°C。

9 將 118°C 的糖漿直接加入打發的蛋黃中。

10 快速攪拌至蛋液發白。

11 將回溫後的奶油放入攪拌機內攪拌。

12 奶油打至均勻且有些脹發，形成質地潤滑的醬。

13 將之前製作的蛋黃醬與奶油混合。

14 加入義大利蛋白霜。

15 慢速攪拌。

16 打至輕奶油霜濃稠，拉起時可形成鳥嘴形即成！

覆盆子蛋糕
Framboisier

製作達克瓦茲餅乾皮

· 烤箱以 180°C 預熱。

· 把榛果粉和杏仁粉放入攪拌機中混合打勻。

· 在蛋白中加入一點砂糖充分攪打，直到打發 (1)。

· 蛋白打發後加入剩下的砂糖，繼續攪打，直到蛋白硬性發泡 (2)。

· 加入先前混合好的堅果粉 (3)，用木勺輕輕攪拌均勻 (4)。

· 然後將拌勻的奶油裝入已裝上平頭圓口花嘴（14 公釐）的擠花袋中。

· 在 2 張烘焙紙上依序擠出多條奶油 (5)。

· 放入烤箱內烤 15 ～ 20 分鐘，並在烘烤期間適時轉動烤盤的方向。

· 當達克瓦茲餅皮烤好後，先將其放在不鏽鋼涼架上，待完全放涼後再使用。

份量：20 人份
準備時間：1 小時
烹調時間：15 分鐘一爐
放置時間：1 小時以上

重點工具
擠花袋 1 個
平頭圓口花嘴（14 公釐）1 個
溫度計（做輕奶油霜時用）1 個
不鏽鋼涼架或方形框模（40×30 公分）1 個
烘焙紙 2 張
木勺 1 支
攪拌機 1 台

材料
覆盆子 400g

達克瓦茲餅皮（2 張）
榛果粉 70g
杏仁粉 230g
蛋白 300g
砂糖 280g

輕奶油霜 1000g（參考第 18 頁）
開心果仁醬 10g
（參考第一冊四色巧克力慕斯布丁）

1　在攪拌機內放入蛋白和一點砂糖打至發。

2　蛋白打發後加入剩下的砂糖，繼續攪打，打至硬性發泡。

3　加入充分混合好的杏仁粉和榛果粉。

4　用木勺輕輕地將步驟 3 的混合物攪拌均勻。

5　將打勻的步驟 4 裝入擠花袋，在 2 張烘焙紙上依序擠出多條奶油。

覆盆子蛋糕

Framboisier

- 接下來製作輕奶油霜（參考第 18 頁）。

- 在做好的輕奶油霜中加入開心果仁醬，混合攪拌成餡料 (6)。將餡料攪至質地絲綢潤滑為止。

開始組合蛋糕

- 將長方形不鏽鋼涼架或方形框模放在達克瓦茲餅皮上。

- 用小刀把方形框模外多餘的餅乾皮切掉，第二塊達克瓦茲餅乾皮也進行同樣的處理。

- 利用擠花袋把開心果輕切奶油霜一條條地擠在達克瓦茲餅皮上 (7)。

- 然後把覆盆子整齊的放在開心果輕奶油霜上 (8)。在覆盆子表面再擠上一層薄薄的開心果輕奶油霜 (9)，最後對好位置，蓋上第二塊達克瓦茲餅皮 (10 和 11)。

- 食用前將蛋糕放入冰箱冷藏 1 小時以上。再用較薄的鋸齒刀將其切成所需要的大小。

Advice

- 品嘗前可將新鮮覆盆子沾覆盆子果醬後，放在蛋糕上裝飾。

6 在做好的輕奶油霜中加入開心果仁醬,混合攪拌成餡料。

7 利用擠花袋把開心果輕奶油霜一條條的擠在達克瓦茲餅皮上。

8 把覆盆子整齊的放在開心果輕奶油霜上。

9 在覆盆子表面再擠上一層開心果輕奶油霜。

10 將第二塊達克瓦茲餅皮蓋在表面。

11 輕輕按壓,使餅皮與餡料黏在一起即完成。

草莓蛋糕

Fraisier

製作櫻桃利口酒糖漿

· 把水、砂糖和櫻桃利口酒混合即可。

製作海綿蛋糕餅皮

· 烤箱以 180°C 預熱。麵粉過篩。

· 將蛋白打發 (1)，然後一點一點的倒入砂糖，繼續攪打，打至蛋白硬性發泡 (2)。

· 然後加入蛋黃 (3)，攪打 5 秒鐘 (4 和 5)。

· 攪拌均勻後，加入過篩的麵粉 (6)。用刮刀輕輕將所有材料拌勻即可。

· 將 2 個烤盤分別蓋上一張烘焙紙。把做好的海綿蛋糕餅皮麵糊均勻鋪在 20×30 公分的烘焙紙上 (7)，用抹刀將表面抹平。

· 在表面均勻撒上一層糖粉 (8)。

· 將烤盤放入烤箱內，烤十幾分鐘。

· 海綿蛋糕餅皮烤熟後取出，放在不鏽鋼涼架上放涼。

· 接下來製作特級卡士達醬及輕奶油霜（參考第 16 頁、18 頁）。

製作慕斯琳奶油霜

· 將輕奶油霜放入攪拌機中攪拌，盡可能將其打發。

· 把卡士達醬充分拌打均勻，直到其質地絲綢潤滑。

· 然後加入輕奶油霜，攪拌。再加入開心果仁醬，輕輕攪拌，直到所有材料混合均勻。

開始組合

· 將長方形不鏽鋼框模或硬紙板框模放在烤熟的海綿蛋糕餅皮上 (9)。用小刀切掉方圈外的多餘餅皮。

· 依照此方法處理第二塊海綿蛋糕餅皮。

· 用刷子沾櫻桃利口酒糖漿，刷在第一塊海綿蛋糕餅皮上。

份量：20 人份
準備時間：1 小時
烹調時間：10 ～ 12 分鐘一爐
放置時間：1 小時以上

重點工具
長方形不鏽鋼或硬紙板框模
（20×30 公分）1 個
抹刀 1 把、攪拌機 1 台
篩網 1 個、噴火槍 1 支
木勺 1 支、烤盤 2 個
烘焙紙 2 張、不鏽鋼涼架 1 個
小刀 1 把、刷子 1 支
打蛋器 1 支、橡皮刮刀 1 支

材料

櫻桃利口酒糖漿
水 120ml
糖 70g
櫻桃利口酒 20ml

海綿蛋糕餅皮
（製作 2 張 20×30 公分
的海綿蛋糕餅皮）
麵粉 150g
蛋白 180g
砂糖 150g
蛋黃 120g
糖粉 50g

慕斯琳奶油霜
卡士達醬 150g（參考第 16 頁）
輕奶油霜 500g（參考第 18 頁）
開心果仁醬 20g
（非必須添加，參考第一冊）

組合材料
草莓 500g
砂糖 30g

法式蛋白霜
蛋白 2 個
砂糖 60g
糖粉 40g
杏果醬 370g
水 2 大匙

1 蛋白放入攪拌機內打發。

2 一點一點的倒入砂糖後，繼續攪打。

3 加入蛋黃。

4 繼續攪拌幾秒鐘。

5 圖為發好的蛋白霜。

6 此時加入過篩的麵粉，用刮刀輕輕攪拌均勻。

7 把做好的海綿蛋糕餅皮麵糊均勻鋪在烘焙紙上，再用抹刀把表面抹平。

8 撒上糖粉。

9 將已割成長方形的海綿蛋糕餅皮放在不鏽鋼框模裡。

草莓蛋糕
Fraisier

· 將⅔的慕斯琳奶油霜均勻抹在海綿蛋糕餅皮表面，然後將草莓 (10 和 11) 整齊的放在奶油霜上，再撒一層砂糖 (12)。接著把剩餘的慕斯琳奶油霜抹在草莓上 (13)。用抹刀將其抹勻、抹平整 (14)。

· 接下來把第二塊海綿蛋糕餅皮蓋上 (15)，同樣刷上櫻桃利口酒糖漿 (16)。

· 放入冰箱冷藏 1 小時。

製作法式蛋白霜

· 蛋白放入一個容器內，加入一點砂糖，充分攪打。

· 蛋白打至起泡，慢慢倒入剩餘的砂糖。

· 繼續攪打，直到蛋白硬性發泡，且可以立住打蛋器。

· 然後將糖粉過細篩網，加入打發的蛋白中，用橡皮刮刀輕輕攪拌均勻。

· 把草莓蛋糕從冰箱取出。用抹刀將法式蛋白霜均勻地抹在蛋糕表面 (17)。

· 用噴火槍在蛋白霜表面均勻地燒出一層顏色 (18)。

· 在杏果醬裡加一點水，加熱變溫後用細篩網把果肉過濾出來。

· 然後將杏果醬汁澆在蛋白霜表面 (19)，用抹刀抹平 (20 和 21)。

· 最後，將草莓蛋糕脫模，切成二十等分。

Advice

· 草莓蛋糕可以放入冰箱保存 2 天，但不能冷凍，以避免草莓被凍壞。

10 將⅔的慕斯琳奶油霜均勻抹在海綿蛋糕餅皮上。

11 把草莓從周邊向中心整齊的放在慕斯琳奶油霜上。

12 撒上一層砂糖。

13 把剩餘的慕斯琳奶油霜抹在草莓上。

14 用抹刀將奶油霜抹平整。

15 蓋上第二塊海綿蛋糕餅皮。

16 刷上櫻桃利口酒糖漿。

17 用抹刀將做好的法式蛋白霜均勻地抹在蛋糕表面。

18 用噴火槍在蛋白霜表面燒上一層顏色。

19 把杏果醬汁澆在蛋白霜表面。

20 用抹刀將醬汁抹平。

21 這是製作完成的草莓蛋糕。

堅果蛋糕
Succès praliné

· 以 180°C 預熱烤箱。

製作焦糖榛果

· 將榛果碎放入烤箱內烤至熟（大約 10 分鐘左右）(1)。

· 將水和糖放入鍋中以小火加熱並不停攪拌，至溫度到達 118°C(2)、糖稍微凝結，加入榛果碎。

· 繼續以小火加熱，並持續攪拌 5 分鐘左右，直到所有焦糖包覆榛果碎即可停止 (3 和 4)。

· 將焦糖榛果碎倒入盤中放涼後，用擀麵棍擀得更碎 (5)。

製作達克瓦茲餅皮

· 把榛果和杏仁粉放入食物調理機中打成碎末 (6)。

· 然後倒入一個容器內。

· 將蛋白與少許砂糖混合、打發 (7)。

· 再放入剩餘的砂糖，繼續攪打，直到蛋白硬性發泡 (8)。

· 加入堅果碎，輕輕拌勻 (9 和 10)。

份量：20 人份
準備時間：1 小時
烹調時間：15 分鐘一爐
放置時間：1 小時以上

重點工具
平頭圓口花嘴（10 公釐）1 個
擠花袋 1 個、溫度計 1 支
長方形不鏽鋼或硬紙板框模
（40×30 公分）1 個
抹刀 1 把、擀麵棍 1 支
食物調理機 1 台
攪拌機 1 台、木勺 1 支

材料
輕奶油霜 750g（參考第 18 頁）
榛果膏 75g

達克瓦茲餅皮（2 張，40×30 公分的餅皮）
整粒榛果 160g
杏仁粉 165g
蛋白 320g
砂糖 315g

焦糖榛果
榛果碎 160g
砂糖 90g、水 30ml

1 榛果碎放入烤箱烤熟。

2 將水和糖放入鍋中以小火加熱，並不停攪拌，直到溫度到達 118°C。

3 繼續小火加熱 5 分鐘左右。

4 不時用木勺攪拌。

5 將焦糖榛果碎倒入盤中放涼後，用擀麵棍將其擀碎。

6 把整粒榛果和杏仁粉放入食物調理機中打成碎末。

7 將蛋白與少許砂糖混合打發。

8 放入剩餘的砂糖，繼續攪打，至蛋白硬性發泡。

9 加入堅果碎。

10 避免破壞蛋白氣泡，輕輕攪拌均勻即可。

堅果蛋糕

Succès praliné

- 步驟 10 的餅皮糊裝入平頭圓口擠花袋中 (11)。

- 分別在 2 張 40×30 公分的烘焙紙,依序擠滿長條。

- 擠好後放入 180°C 的烤箱內烤,期間適時調轉烤盤方向。

- 當達克瓦茲餅皮烤熟後,將其放在不鏽鋼涼架上,待完全放涼後再使用。

- 接著製作輕奶油霜(參考第 18 頁)。

- 完成輕奶油霜後,將其與榛果膏 (12) 一起放入攪拌機中,慢速攪拌 1 分鐘,直到兩者均勻混合,質地潤滑為止 (13)。

開始組合

- 將長方形不鏽鋼或硬紙板框模放在達克瓦茲餅皮上。

- 用小刀把方圈外的多餘餅皮切掉 (14)。

- 在第二塊達克瓦茲餅皮上進行同上的處理。

- 將榛果輕奶油霜均勻鋪在第一片達克瓦茲餅皮上 (15),用抹刀抹平 (16)。

- 然後撒上焦糖榛果碎 (17)。

- 蓋上第二塊達克瓦茲餅皮後脫模 (18)。

- 撒上一層糖粉後 (19),用刷子把不平的地方刷勻,凹處則填滿糖粉 (20)。

- 重新再撒上一層糖粉 (21)。

- 將做好的蛋糕放入冰箱冷藏 1 小時以上後再取出,食用前用較薄的鋸齒刀切成所需大小即成。

11　將餅皮糊裝入擠花袋，在烘焙紙上擠滿一排排的長條。

12　將輕奶油霜與榛果膏一起放入攪拌機中，慢速攪拌。

13　攪至輕奶油霜與榛果膏均勻混合，質地潤滑為止。

14　將長方形框模放在達克瓦茲餅皮上面。再用小刀切斷多餘的餅皮。

15　將榛果輕奶油霜鋪在第一片達克瓦茲餅皮上。

16　用抹刀將奶油抹平。

17　撒上焦糖榛果碎。

18　蓋上第二塊達克瓦茲餅皮。

19　糖粉過細篩網，撒在餅皮上。

20　用刷子把不平的地方刷勻，凹處填滿糖粉。

21　重新再撒上一層糖粉即成。

33

萊姆達克瓦茲
餅乾蛋糕

Dacquoise au citron vert

製作蘭姆酒糖漿

· 將水、砂糖和蘭姆酒混合均勻，完成蘭姆酒糖漿。

製作椰蓉達克瓦茲餅皮

· 烤箱以 180°C 預熱。把整粒榛果與杏仁粉放入食物調理機中打碎。

· 然後倒入一個容器中。

· 在蛋白內加入少許砂糖，放入攪拌機中攪勻 (1)。

· 待蛋白起泡後，加入剩餘的砂糖，繼續攪拌，直到硬性發泡 (2)。加入堅果碎 (3)，用勺子輕輕攪拌均勻 (4)。

· 然後放入已裝平頭圓口花嘴（14 公釐）的擠花袋中。

· 分別在 2 張 30×40 公分的烘焙紙上擠成一排一排的長條 (5)。

· 在表面均勻撒上椰子粉 (6)，放入 180°C 的烤箱內烤 15 ～ 20 分鐘，期間需轉適時轉動烤盤方向。

· 椰蓉達克瓦茲餅皮烤熟後，在不鏽鋼涼架上放涼。

製作萊姆慕斯

· 將吉利丁在冷水中泡軟。

· 淡奶油倒入較大的不鏽鋼盆中放入冰箱冷藏。

· 在一個厚底鍋中倒入檸檬汁和砂糖，用中火加熱至砂糖融化。

· 再加入瀝乾的吉利丁，攪拌溶化後，倒入萊姆汁 (7)。

· 離火，充分攪拌，使其降溫，但避免溫度過低導致吉利丁凝固。從冰箱取出淡奶油，打發成鮮奶油。

份量：20 人份
準備時間：1 小時
烹調時間：15 分鐘一爐
放置時間：1 小時以上
重點工具
擠花袋 1 個
平頭圓口花嘴（14 公釐）1 個
長方形不鏽鋼或硬紙板框模
（40×30 公分）1 個
抹刀 1 把
攪拌機 1 台

材料
蘭姆酒糖漿
水 70ml
砂糖 50g
黑蘭姆 1 小匙

椰蓉達克瓦茲餅皮
（2 張，40×30 公分的餅皮）
榛果 70g
杏仁粉 230g
蛋白 300g

砂糖 280g
椰子粉 100g

萊姆慕斯
吉利丁 12g
淡奶油 400g
檸檬汁 70g
砂糖 100g
萊姆汁 250g
新鮮草莓 400g（餡料）

1 在攪拌機中倒入蛋白和少許砂糖，一起打發。

2 蛋白起泡之後，加入剩餘的砂糖，繼續攪拌。

3 加入堅果碎，用勺子輕輕攪拌均勻。

4 混合攪拌均勻。

5 在烘焙紙上擠出多排長條。

6 在表面均勻的撒上椰子粉。

7 鍋中倒入檸檬汁和砂糖，用中火加熱至砂糖融化，再加入瀝乾的吉利丁，攪拌溶化後，倒入萊姆汁。

萊姆達克瓦茲餅乾蛋糕

Dacquoise au citron vert

· 將萊姆吉利丁與 ⅓ 的打發奶油充分混合 (8) 後，再倒入剩餘的打發奶油中 (9)，然後用木勺輕輕攪拌均勻 (10)，製成萊姆慕斯。

開始組合

· 將長方形不鏽鋼或硬紙板框模放在一片椰蓉達克瓦茲餅皮上。

· 用小刀把多餘的椰蓉達克瓦茲餅皮切掉 (11 和 12)。

· 第二塊椰蓉達克瓦茲餅皮也按照上述方式處理。

· 用刷子沾蘭姆酒糖漿，將糖漿刷在第一塊椰蓉達克瓦茲餅皮上。

· 然後將 ¾ 的萊姆慕斯倒在上面 (13)，再均勻撒上覆盆子 (14)，表面倒上剩餘的萊姆慕斯，抹平。

· 在第二塊椰蓉達克瓦茲餅皮上也刷上蘭姆酒糖漿 (15)，對齊後覆蓋在萊姆慕斯上 (16)。

· 放入冰箱冷藏 1 小時以上後再食用。

· 根據自己喜好，在食用前用較薄的鋸齒刀將萊姆達克瓦茲餅乾蛋糕切成所需大小。

8　用打蛋器將融化的吉利丁與萊姆汁攪拌均勻。

9　將萊姆吉利丁與 ⅓ 的打發奶油充分混合。

10　將步驟 9 的混合物倒入剩餘的打發奶油中，用木勺輕輕攪拌，完成萊姆慕斯。

11　把方圈外多餘的椰蓉達克瓦茲餅皮切掉。

12　圖為切好後的模樣。

13　將 ¾ 的萊姆慕斯倒在上面。

14　均勻的撒上覆盆子。

15　在第二塊椰蓉達克瓦茲餅皮上刷蘭姆酒糖漿。

16　覆蓋在覆盆子萊姆慕斯上，放入冰箱冷藏 1 小時即成。

達克瓦茲水果蛋糕
Dacquoise aux fruits

製作達克瓦茲餅皮

· 烤箱以 180°C 預熱。

· 將 130g 的整粒榛果放入烤箱內烘焙 15 分鐘。烤熟放涼後用食物調理機打成粗碎顆粒 (1)。

· 然後將 170g 未烘焙的整粒榛果和糖粉一起放入食物調理機中 (2 和 3)，打成粉末，再倒入一個容器內。

· 把以上 2 種準備好的榛果材料混合 (4)。

份量：20 人份
準備時間：1 小時
烹調時間：15 分鐘一爐
放置時間：1 小時以上

重點工具
溫度計 1 支
長方形不鏽鋼或硬紙板框
模 1 個（40×30 公分）
抹刀 1 把
攪拌機 1 台

材料
達克瓦茲餅皮（2 張，40×30
公分的達克瓦茲餅皮）
整粒榛果 300g
糖粉 175g
蛋白 300g
砂糖 80g

白巧克力奶油醬
吉利丁 2 片
白巧克力 250g
全脂牛奶 250ml
香草豆莢 1 根
蛋黃 2 個
君度橙酒 3 大匙
淡奶油 380g

什錦水果
糖水梨丁 150g
覆盆子 400g
鳳梨丁 150g
櫻桃 150g
桃子 150g

鏡面果醬
木瓜果醬 250g

1 榛果烤熟放涼後用食物調理機
打成粗碎顆粒。

2 未烘焙的整粒榛果和糖粉一起
放入食物調理機中打碎。

3 打成如圖片所示的粉末狀。

4 把步驟 1、2 的榛果碎混合。

達克瓦茲水果蛋糕
Dacquoise aux fruits

· 在蛋白內加入少許砂糖，放入攪拌機中打發 (5)。

· 再加入剩餘砂糖，繼續攪拌至蛋白硬性發泡，即可將之前準備好的榛果碎倒入 (6)，輕輕攪拌均勻 (7)。

· 然後將其分別鋪放在 2 張烘焙紙上，表面抹平 (8)。

· 放入烤箱內烤 15 ～ 20 分鐘，期間適時轉動烤盤方向。

· 當達克瓦茲餅皮烤熟，將其放涼後再使用。

製作白巧克力奶油醬

· 將吉利丁放入冷水中泡軟。把白巧克力切成碎塊與瀝乾的吉利丁一起放入一個容器內 (9)。

· 另取一玻璃容器將 2 個蛋黃攪勻。

· 再取一鍋，倒入牛奶後加入剝開並刮掉籽的香草豆莢，以中火煮開 (10)。

· 牛奶煮開後，離火，倒入蛋黃內，並持續攪拌 (11)。

· 然後再將混合均勻的牛奶蛋黃倒回牛奶鍋中，以小火加熱，並不停地攪拌。

· 攪拌至質地與英式奶油醬一樣濃稠時（溫度大約在 82℃）(12)，即可離火，倒入白巧克力內 (13)。靜置 5 分鐘，待白巧克力融化後再攪拌。

5 將蛋白打發。

6 把步驟 4 的榛果碎倒入打發的蛋白中。

7 用木勺輕輕攪拌均勻。

8 將步驟 7 的榛果奶油分別鋪放在 2 張烘焙紙上，並抹平表面。

9 將 2 個蛋黃放在另一個玻璃缽中打勻。把白巧克力切碎與瀝乾的吉利丁放在同一容器中。

10 另起一鍋，將牛奶與香草豆莢一起煮開。

11 將煮開的牛奶倒入蛋黃內，同時不停攪拌。

12 將步驟 11 的牛奶蛋黃液倒回牛奶鍋中，以小火加熱，並不停攪拌。當溫度達約 82℃ 時離火。

13 將其倒入白巧克力內。

達克瓦茲水果蛋糕
Dacquoise aux fruits

- 白巧克力牛奶蛋黃液攪拌均勻後，加入君度橙酒 (14)。

- 放置備用，接著製作鮮奶油。

- 將淡奶油倒入一個較大的容器內，充分攪拌，直到將奶油打發。

- 然後將放涼的白巧克力牛奶蛋黃液（如果溫度過低，可以輕微加熱）倒入打發的奶油中 (15)，用橡皮刮刀輕輕攪拌均勻。

開始組合

- 將長方形不鏽鋼或硬紙板框模放在達克瓦茲餅皮上，切掉多餘的餅皮。把水果切成大丁，鋪放在墊有烘焙紙的框模內 (16)。

- 撒上覆盆子。

- 在水果上倒入 ⅔ 的白巧克力奶油醬 (17)，用抹刀將其抹平 (18)。

- 蓋上一片達克瓦茲餅皮 (19)，在上面倒入剩下的 ⅓ 白巧克力奶油醬 (20)，抹平 (21)。再放上第二塊達克瓦茲餅皮 (22)，輕輕按壓。

- 放入冰箱內冷藏至少 2 小時後取出。蛋糕表面上放一個烤盤，反轉過來，取掉方圈。

- 最後在達克瓦茲水果蛋糕表面刷上一層木瓜果醬。

- 在品嘗時，用較薄的鋸齒刀將其切成所需大小即可。

Advice

- 請使用新鮮的覆盆子。

14 加入君度橙酒。

15 將白巧克力牛奶蛋黃液倒入打發的奶油中，攪拌均勻。

16 把水果丁鋪放在墊有烘焙紙的不鏽鋼圈內。

17 在水果上倒入 2/3 的白巧克力奶油醬。

18 用抹刀將奶油抹平。

19 放上一片達克瓦茲餅皮。

20 倒入剩下的白巧克力奶油醬。

21 用橡皮刮刀抹平。

22 放上第二塊達克瓦茲餅皮，輕壓後冷藏 2 小時即成。

摩卡蛋糕
Biscuit Moka

製作蘭姆酒糖漿

· 將水，糖和黑蘭姆混合，攪拌均勻。

製作海綿蛋糕

· 烤箱以 180°C 預熱。

· 麵粉、玉米粉和泡打粉混合，過細篩網 (1)。

· 將蛋白放入攪拌機內攪拌。在這期間，將蛋黃放入玻璃缽中，加入 ⅓ 砂糖，攪拌均勻 (2)。

· 蛋白打發後 (3)，慢慢加入剩餘的砂糖，持續打到硬性發泡。

· 然後繼續攪拌蛋黃，直到其顏色變白 (4)。加入打發的蛋白 (5)，用橡皮刮刀輕輕攪拌 (6)，然後加入過篩的粉類材料 (7)。

· 輕輕攪拌至所有材料混合均勻。

· 將不鏽鋼圈放在鋪有烘焙紙的烤盤上。剪一張 8 公分寬的烘焙紙條，圍在不鏽鋼圈的內壁。

· 把混合好的海綿蛋糕材料倒入不鏽鋼圈內，稍稍抹勻 (8 和 9)。

· 放入烤箱，烤 20 分鐘左右。

· 海綿蛋糕烤熟後，將其放在不鏽鋼涼架上冷卻。

份量：20 人份
準備時間：1 小時
烹調時間：20 分鐘
放置時間：30 分鐘

重點工具
不鏽鋼圈（直徑 20 公分）1 個
攪拌機 1 台
鋸齒刀 1 把
抹刀 1 把

材料
蘭姆酒糖漿
水 120ml
糖 70g
黑蘭姆 20g

海綿蛋糕（直徑 20 公分）
麵粉 120g
玉米粉 30g
泡打粉 ½ 小袋
蛋 5 個
砂糖 150g

咖啡奶油霜
輕奶油霜 500g（參考第 18 頁）
即溶咖啡粉 1 大匙＋濃縮咖啡 ½ 杯

組合
杏仁片（放入 180°C 烤箱內烤 10 分鐘）100g

1 麵粉、玉米粉和泡打粉混合，過細篩網。

2 蛋黃放入玻璃缽中，加入 50g 砂糖攪拌均勻。

3 將蛋白和 100g 砂糖放入攪拌機內打發。

4 將步驟 2 的蛋黃與砂糖打至顏色變白。

5 將步驟 3 的打發蛋白倒入步驟 4 的蛋黃液中。

6 用橡皮刮刀輕輕攪拌。

7 加入過篩的麵粉、玉米粉和泡打粉。

8 把拌好的海綿蛋糕材料倒入一個圍在不鏽鋼圈內，高為 8 公分的烘焙紙條內。

9 用橡皮刮刀將海綿蛋糕材料鋪開，抹勻。

摩卡蛋糕
Biscuit Moka

· 接著製作輕奶油霜（參考第 18 頁）。

· 將輕奶油霜放入攪拌機中，以中速攪拌。

· 倒入咖啡 (10)，慢速攪拌 1 分鐘，直到奶油混合均勻、質地潤滑。

開始組合

· 將放涼的海綿蛋糕用鋸齒刀橫切成一半。在 2 份蛋糕表面均勻刷上蘭姆酒糖漿 (11)，然後在第一塊海綿蛋糕上抹一層咖啡奶油霜 (12)，用抹刀將其抹平 (13)。蓋上第二塊海綿蛋糕，並在表面刷上蘭姆酒糖漿 (14)，再鋪上一層咖啡奶油霜 (15)，抹平 (16)。

· 用抹刀在蛋糕側面抹上一層咖啡奶油霜 (17)，抹平、抹均勻後放入冰箱冷藏 30 分鐘。取出後，在蛋糕表面再抹上一層薄薄的咖啡奶油霜，用抹刀抹平 (18)。用鋸齒刀在咖啡奶油霜表面畫上裝飾花紋 (19)。

· 最後在蛋糕側面抹上一層咖啡奶油醬，抹平後 (20)，黏上烤杏仁片即成 (21)。

相關知識

· 海綿蛋糕裡面可以加入不同的材料來增加香味（咖啡、香草、巧克力）；這種類型的蛋糕是亞爾薩斯地區節日傳統蛋糕之一。

10　輕奶油霜和咖啡倒入攪拌機中，以中速攪拌。

11　將蘭姆酒糖漿刷在海綿蛋糕上、刷透。

12　在第一塊海綿蛋糕上抹一層咖啡奶油霜。

13　用抹刀將奶油霜抹平。

14　將第二塊海綿蛋糕蓋在上面，再刷上蘭姆酒糖漿。

15　在蛋糕上面再鋪上一層咖啡奶油霜。

16　用抹刀將奶油抹平。

17　用抹刀在蛋糕側面抹上一層咖啡奶油霜，將海綿蛋糕覆蓋住。

18　在蛋糕表面再抹上一層咖啡奶油霜。

19　用鋸齒刀在蛋糕表面的咖啡奶油霜上畫花紋，做最後裝飾。

20　在蛋糕側面均勻抹上一層咖啡奶油醬。

21　用手將烤杏仁片黏在蛋糕側面即完成。

亞爾薩斯冰淇淋
奶油蛋糕
Vacherin glacé alsacien

製作蛋白霜

· 將蛋白放入（不鏽鋼）攪拌碗內，加入 30g 砂糖攪拌 (1)。

· 當蛋白打發後，再逐漸加入 70g 的砂糖。

· 繼續打至蛋白硬性發泡 (2)。

· 然後倒入剩下的 100g 砂糖，用橡皮刮刀攪拌均勻 (3 和 4)。

· 烤箱以 150°C 預熱。

· 將打發的蛋白霜裝入擠花袋，在鋪有烘焙紙的烤盤上擠出 2 個直徑 18 公分的螺旋餅 (5)。

· 放入 150°C 的烤箱內烤 8 分鐘，然後將溫度調降至 90°C，再烤 2 小時左右。

· 當蛋白霜內部烤乾後，從烤箱取出，完全放涼後再使用。

· 將不鏽鋼圈放在烤熟的蛋白餅上，切掉多餘的蛋白霜 (6 和 7)，另一個烤蛋白餅也依照此方法操作。

· 把香草冰淇淋鋪在第一塊蛋白霜餅乾上 (8)，然後再鋪上一層覆盆子雪寶 (9)。

份量：8 人份
準備時間：1 小時
烹調時間：2 小時

重點工具

攪拌機 1 台　　　　噴火槍 1 個
擠花袋 1 個　　　　抹刀 1 把
平頭圓口花嘴 1 個　裝飾刮板 1 個
花邊花嘴 1 個
不鏽鋼圈（直徑 20 公
分、高度 8 公分）1 個

材料

蛋白霜

蛋白 3 個
砂糖 200g

蛋糕餡

香草冰淇淋 300g
覆盆子或草莓雪寶 300g

鮮奶油

優質淡奶油 250ml
砂糖 50g
櫻桃利口酒 10ml
香草精（液體）1 小匙

1　蛋白與少許砂糖一起打發。

2　打至蛋白硬性發泡。

3　加入 100g 砂糖。

4　用橡皮刮刀將蛋白霜充分攪拌均勻。

5　蛋白霜裝入擠花袋，在鋪有烘焙紙的烤盤上擠出 2 個直徑 18 公分的螺旋餅後，放入烤箱烘烤。

6　將不鏽鋼圈放在烤熟的蛋白餅上。

7　下壓並切掉多餘的蛋白霜。

8　把香草冰淇淋鋪在第一塊烤蛋白餅上。

9　然後再鋪上一層覆盆子雪寶。

亞爾薩斯冰淇淋
奶油蛋糕
Vacherin glacé alsacien

· 用湯匙背面將覆盆子雪寶抹平 (10)。

· 蓋上第二塊蛋白餅，輕輕下壓 (11)，放入冰箱內冷凍 30 分鐘。

製作鮮奶油

· 將淡奶油倒入一個容器內，再將裝有淡奶油的容器放入裝有冰塊的盆中。

· 用打蛋器充分攪打，至奶油開始打發後，加入砂糖和櫻桃利口酒，繼續攪打，最後加入香草精。

· 當奶油硬性發泡，打蛋器上的奶油出現尖頭後即可停止攪打。

開始組合

· 將蛋糕從冰箱取出，用噴火槍在不鏽鋼圈表面微微加熱 (12)，把不鏽鋼圈從冰淇淋蛋糕上取下 (13)。

· 將鮮奶油抹在冰淇淋蛋糕上面 (14) 及側面 (15)，並將其抹平 (16)。放入冰箱冷凍 30 分鐘，取出後用抹刀取少量鮮奶油，將冰淇淋蛋糕表面和側面再次抹勻、抹平 (17)。再用裝飾刮板在冰淇淋蛋糕側邊抹出裝飾花紋 (18)。

· 在冰淇淋蛋糕表面擠出波浪狀的鮮奶油 (19) 由邊緣向中心 (20)，直到擠滿整個表面。

· 將做好的亞爾薩斯冰淇淋奶油蛋糕放入冰箱冷凍保存。從冰箱取出後放置 30 分鐘，再用新鮮水果（如草莓、柳丁或蘋果）裝飾，即可食用。

Advice

· 很多時候，每完成一個製作蛋糕的步驟，就必須將其放入冰箱冷凍，是為了方便下一步驟的操作。

10 用湯匙背面將覆盆子雪寶的表面抹平。

11 蓋上第二塊蛋白餅。

12 用噴火槍在不鏽鋼圈表面微微加熱。

13 將不鏽鋼圈從蛋糕上取下。

14 用抹刀將鮮奶油抹在冰淇淋蛋糕表面。

15 在蛋糕側面抹上鮮奶油。

16 將冰淇淋蛋糕上面的鮮奶油抹均勻。

17 冷凍 30 分鐘後，取少量鮮奶油，將冰淇淋蛋糕表面和側面再次抹勻、抹平。

18 用裝飾刮板在蛋糕側面抹出裝飾花紋。

19 在冰淇淋蛋糕上擠上波浪狀的鮮奶油。

20 從邊緣向中心一條一條地擠出鮮奶油，擠滿整個冰淇淋蛋糕表面。

歌劇院蛋糕（歐培拉）

Opéra

製作咖啡糖漿

· 將過濾式咖啡、砂糖和即溶咖啡混合攪拌均勻即可。

製作 3 張海綿蛋糕餅皮

· 以 200°C 預熱烤箱。

· 把全蛋、蛋黃、杏仁粉和 175g 砂糖放入（不鏽鋼）攪拌碗內 (1)。

· 充分攪打 15 分鐘後，把雞蛋杏仁醬倒入另一個容器內 (2 和 3)。

· 蛋白放入攪拌碗中打發，慢慢加入 100g 砂糖，充分攪拌。

· 然後倒入雞蛋杏仁醬中 (4)，輕輕攪拌 (5)，再加入麵粉，攪拌均勻即可 (6)。

· 將⅓的麵糊倒入鋪有烘焙紙（30×40 公分）的烤盤上 (7)，抹平。

· 再將剩餘的雞蛋杏仁麵糊分別倒入另外 2 個鋪有烘焙紙的烤盤內，抹平。

· 將 3 個烤盤放入烤箱中，烤 10 ～ 12 分鐘，烘烤期間適時旋轉烤盤方向。

· 當海綿蛋糕餅皮烤熟後，從烤箱取出，待完全放涼後再使用。

製作巧克力醬

· 用刀或食物調理機將巧克力切碎。

· 將淡奶油及牛奶煮開。

· 慢慢倒入切碎的巧克力，再加入回溫後的奶油，用打蛋器攪拌均勻，備用 (8)。

製作咖啡輕奶油霜

· 在輕奶油霜（參考第 18 頁）中加入咖啡，攪拌至質地潤滑 (9)。

份量：20 人份
準備時間：1 小時
烹調時間：10 ～ 12 分鐘一爐
放置時間：1 小時以上

重點工具
溫度計 1 支
不鏽鋼或硬紙板框模
（40×30 公分）1 個
紙質底座（高度 1 公分）1 個
抹刀 1 把
攪拌機 1 台

材料

咖啡糖漿
過濾式咖啡 400ml
砂糖 150g
即溶咖啡 10g

海綿蛋糕餅皮（製作
約 3 張 40×30 公分的
長方形海綿蛋糕餅皮）
蛋 220g
蛋黃 80g
杏仁粉 220g
砂糖 175g

蛋白 125g
砂糖 100g
麵粉 100g

巧克力醬
黑巧克力 170g
牛奶 120ml
淡奶油 40g
奶油 20g

咖啡輕奶油霜
輕奶油霜 500g
（參考第 18 頁）

即溶咖啡 10g
濃縮咖啡 ½ 杯

巧克力鏡面醬
黑巧克力（含
52% 可可脂）
400g
椰油 50g
花生油 50g

1 全蛋、蛋黃、杏仁粉和 175g 砂糖放入（不鏽鋼）攪拌碗內。

2 快速攪拌 15 分鐘。

3 圖為攪拌均勻的雞蛋杏仁醬。

4 用橡皮刮刀將打發的蛋白霜加入雞蛋杏仁醬中。

5 輕輕攪拌均勻。

6 再撒入麵粉，攪拌。

7 將雞蛋杏仁麵糊分別倒入 3 個鋪有烘焙紙的烤盤中，用抹刀抹平。

8 在煮開的淡奶油和牛奶中倒入切碎的巧克力，再加入回溫後的奶油，用打蛋器攪拌均勻，做成巧克力醬。

9 在攪拌機中加入輕奶油霜和咖啡，攪拌至質地潤滑即可。

歌劇院蛋糕（歐培拉）

Opéra

製作巧克力鏡面醬

· 用刀或食物調理機將巧克力切細碎。隔水加熱或用微波爐將巧克力融化，加入椰油和花生油，用橡皮刮刀攪拌均勻，至溫度達 35°C 或 40°C 即可停止加熱攪拌。

開始組合

· 將一個 1 公分高的底座（方便蛋糕脫模）和不鏽鋼框模一起放在烤盤上，底座上鋪一張烘焙紙 (10 和 11)。

· 將海綿蛋糕餅皮放入方圈內，再刷上咖啡糖漿 (12)。

· 用抹刀將咖啡輕奶油霜（約 250g）塗抹在第一層海綿蛋糕餅皮上 (13)。

· 然後放上第二塊海綿蛋糕餅皮，再刷上咖啡糖漿，倒入巧克力醬，抹平 (14 和 15)，放上第三塊海綿蛋糕餅皮 (16)，再次刷上咖啡糖漿 (17)。

· 接著將剩餘的咖啡輕奶油霜抹在蛋糕表面 (18)，抹勻、抹平整 (19)。

· 放入冰箱冷藏 1 小時以上，取出後脫模。

· 將融化的巧克力鏡面醬倒在蛋糕表面 (20)，用抹刀並抹平 (21)，放入冰箱冷藏至巧克力鏡面醬變硬即成。

· 用刀身較薄的刀將歌劇院蛋糕切成所需大小形狀（每切一次需用熱水清洗一下刀身）。

10 將一個 1 公分高的底座（方便蛋糕脫模）和不鏽鋼框模一起放在烤盤上。

11 底座上鋪一張烘焙紙。

12 在海綿蛋糕餅皮上刷一層咖啡糖漿。

13 將 250g 咖啡輕奶油霜塗抹在第一層海綿蛋糕餅皮上。

14 蓋上第二塊海綿蛋糕餅皮，再將巧克力醬倒餅皮上。

15 用抹刀將巧克力抹勻、抹平整。

16 蓋上第三塊海綿蛋糕餅皮。

17 再次刷上咖啡糖漿、浸透。

18 倒入剩餘的咖啡輕奶油霜。

19 用抹刀將奶油抹勻、抹平。

20 最後，將融化的巧克力鏡面醬倒在蛋糕表面。

21 用抹刀將表面抹平即可。

巴黎─布列斯特泡芙

Paris-Brest

製作泡芙麵糊

· 以 180°C 預熱烤箱。

· 在鍋中倒入水、砂糖、鹽和奶油丁 (1)，以中火加熱並攪拌。

· 當奶油完全融化、水溫夠熱後，離火。將麵粉撒入鍋中，再用打蛋器不停攪拌 (2)。

· 攪至麵粉完全把水吸收 (3)。

· 把鍋放回爐上，以中火加熱，不停攪拌 30 秒鐘，直到麵團表面變乾。

· 待麵糊表面變乾、不沾黏，即可離火。將麵團倒入另一個容器中。

· 逐個將蛋打入 (4)，同時不斷地攪拌。

· 繼續將蛋慢慢放入，直到麵糊吸收蛋液變得黏稠 (5)。

· 做好的泡芙麵糊麵團應該不稀軟也不過硬。

· 在烤盤上抹一層薄薄的奶油，再撒上一層麵粉 (6)，用圈型模具在麵粉上整齊、均勻的切割出多個圈形 (7)。

· 然後把泡芙麵糊裝入已裝上平頭圓口花嘴的擠花袋中。

· 循著麵粉上的圖形，擠出多個圓圈形泡芙麵糊 (8)。

份量：20 個
準備時間：40 分鐘
烹調時間：40 分鐘
放置時間：2 小時

重點工具
擠花袋 1 個
平頭圓口花嘴 1 個
花邊花嘴 1 個（直徑 8 公釐）
圓圈模具 1 個（直徑 7 公分）

材料

泡芙麵糊
水 125g
砂糖 ½ 小匙
精鹽 ¼ 小匙
奶油 55g
麵粉（過篩）70g
蛋 3 個
＋1 個蛋（用於表面上色）

慕斯琳奶油霜
冷藏的卡士達醬 250g
（參考第 16 頁）
輕奶油霜 400g
可可榛果醬 150g

組合
100g 杏仁片

1　在鍋中倒入水、砂糖、鹽和奶油丁，以中火加熱。

2　離火後，撒入麵粉。

3　同時用打蛋器不停地攪拌。

4　逐個加入蛋。

5　同時不停攪拌，攪至麵糊吸收所有蛋液，變得黏稠、柔軟。

6　在烤盤上抹一層薄薄的奶油，再撒上一層麵粉。

7　用圈型模具在麵粉上整齊、均勻的切割出多個圈形。

8　把泡芙麵糊裝入擠花袋，按照烤盤上的麵粉圈形狀將麵糊擠在烤盤上。

巴黎―布列斯特泡芙
Paris-Brest

- 在泡芙麵糊圈表面均勻地撒上杏仁片 (9 和 10)，傾斜震動烤盤，震掉多餘的杏仁片 (11)。

- 放入 180°C 的烤箱內烤 25 分鐘（在烘烤期請不要打開烤箱，否則泡芙會塌陷）。

- 泡芙圈烤熟後，放在不鏽鋼涼架上冷卻。

- 製作卡士達醬（參考第 16 頁）。

- 製作輕奶油霜（參考第 18 頁）。

製作慕斯琳奶油霜

- 將輕奶油霜放入（不鏽鋼）攪拌碗內，充分攪打，直到輕微打發，再把卡士達醬攪打至質地潤滑與奶油霜混合 (12)，然後加入可可榛果醬 (13)，攪拌至所有材料均勻混合 (14)。

開始組合

- 用鋸齒刀將泡芙圈橫向切成兩半 (15)。

- 把慕斯琳奶油霜裝入帶有花邊花嘴的擠花袋中，擠在泡芙圈下半部的斷面上 (16)，把上半部泡芙圈輕輕蓋在慕斯琳奶油霜上 (17)，撒上糖粉即完成 (18)。

Advice

- 做好的巴黎―布列斯特泡芙用保鮮膜封好或放入密封盒子中，在冰箱內可以保存 2 ～ 3 天。但須注意避免冷凍保存。

- 為了節省時間，在製作慕斯琳奶油霜時也可以不使用卡士達醬，但若這樣巴黎―布列斯特泡芙吃起來會比較油膩。

9 將杏仁片均勻撒在泡芙麵糊圈的表面。

10 每個酥皮圈表面的杏仁片都要撒均勻。

11 傾斜、震動烤盤,倒掉多餘的杏仁片。

12 把卡士達醬與輕奶油霜混合,攪拌均勻。

13 加入可可榛果醬,然後繼續用打蛋器攪拌。

14 圖為攪拌均勻後的狀態。

15 用鋸齒刀將泡芙圈橫向切成兩半。

16 將慕斯琳奶油霜擠入泡芙圈下半部的斷面上。

17 把上半部泡芙圈輕輕蓋在慕斯琳奶油霜上。

18 將糖粉過細篩網,撒在巴黎－布列斯特泡芙上即成。

閃電泡芙
Éclairs

· 先製作卡士達醬（參考第 16 頁）。

製作泡芙麵糊

· 以 180°C 預熱烤箱。

· 在鍋中放入水、砂糖、鹽和奶油丁，以中火加熱 (1)。水煮開時，離火。將麵粉均勻撒入 (2)，直到麵粉吸收水分形成麵糊，同時不停攪拌 30 秒鐘。

· 再次將鍋子放到爐上加熱，用力攪拌麵糊 2 分鐘，攪至麵糊混合均勻、表面光滑、不易沾鍋 (3)。

· 離火後，將蛋逐個加入 (4 和 5)，同時用打蛋器充分攪拌均勻。

· 做好的泡芙麵糊裝入已裝上花邊花嘴的擠花袋中。

· 在烤盤上抹一層奶油後，均勻撒上一層乾麵粉。把泡芙麵糊麵糊擠在烤盤上，呈 10 ～ 12 公分的長條，同時每條麵糊中間留適當間距 (6)。

· 放入 180°C 的烤箱內，烤 25 ～ 30 分鐘（烘烤期間千萬別打開烤箱，否則泡芙會塌陷）。

· 泡芙烤熟後 (7)，從烤箱取出，放在不鏽鋼涼架上冷卻。

· 將卡士達醬從冰箱取出。

· 用打蛋器將卡士達醬打至質地潤滑 (8)。平均分在 2 個容器內，在其中一份內加入咖啡，混合均勻 (9)，另外一份則保持香草原味

份量：6 人份
準備時間：45 分鐘
烹調時間：20 ～ 25 分鐘

重點工具
花邊花嘴 1 個（直徑 8 公釐）
擠花袋 1 個
溫度計 1 支

材料
泡芙麵糊
水 125ml
砂糖 ½ 小匙
鹽 ¼ 小匙
奶油丁 55g
麵粉 70g
小雞蛋 3 個

特級卡士達醬 800g
（參考第 16 頁）
即溶咖啡 15g
濃縮咖啡 ½ 杯

白色鏡面醬
白色凝脂糖霜 250g
水 50ml

咖啡鏡面醬
即溶咖啡 1 小匙
濃縮咖啡 ½ 杯

1 在鍋中放水、砂糖、鹽和奶油丁，中火加熱。

2 將麵粉均勻撒入開水中，同時攪拌。

3 直到麵粉把水分吸收，且形成麵團。

4 將蛋逐個加入。

5 同時用打蛋器不停攪拌。

6 把泡芙麵糊裝入擠花袋中，在烤盤上面擠出 10 ～ 12 公分的長條。

7 放入 180°C 的烤箱內烤 20 分鐘左右。

8 將卡士達醬攪拌至質地潤滑。

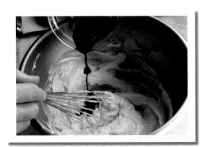
9 把步驟 8 的卡士達醬一半與咖啡混合。

閃電泡芙
Éclairs

· 將泡芙側面切開 (10)。把攪拌均勻的香草卡士達醬 (11) 或咖啡卡士達醬 (12) 擠入。

製作白色鏡面醬

· 將白色凝脂糖霜和水混合加熱至 35℃，用木勺攪拌均勻 (13 和 14)。離火後，將白色鏡面鏡淋在香草卡士達醬泡芙上 (15 和 16)。

製作咖啡鏡面醬

· 在白色鏡面醬裡加入咖啡混合液 (17 和 18)。然後將其淋在咖啡卡士達醬泡芙表面即可 (19 ～ 21)。

· 待鏡面醬表面凝固後，即可食用！

Advice

· 可在香草卡士達醬泡芙的白色鏡面醬裡加入 1 小匙白蘭地來增添風味。

10 泡芙側面切開。

11 將攪拌均勻的香草卡士達醬擠入泡芙中。

12 將攪拌均勻的咖啡卡士達醬擠入泡芙中。

13 用木勺將白色凝脂糖霜與水攪拌均勻。

14 加熱至 35°C 時離火。

15 用木勺將白色鏡面醬淋在香草卡士達醬泡芙上。

16 淋的同時保持白色鏡面醬的均勻度。

17 在白色鏡面醬裡加入咖啡。

18 攪拌至顏色均勻一致。

19 將咖啡鏡面醬淋在咖啡卡士達醬泡芙上。

20 用木勺將其抹勻。

21 用乾淨的手指抹去邊緣多餘的咖啡鏡面醬即成。

聖人泡芙
Saint-Honoré

· 將直徑 24 公分的不鏽鋼圓圈模具放在酥餅皮上,用力下壓或用小刀將酥餅皮割成圓形。

製作泡芙麵糊

· 烤箱以 180°C 預熱。

· 在鍋中放入水、砂糖、鹽和奶油丁,以中火加熱 (1)。

· 當奶油完全融化、水煮開後,離火。一邊將麵粉均勻撒入開水中,一邊不停攪拌 (2)。

· 至麵粉吸收水分形成麵糊暫停攪拌 (3)。

· 把鍋放回爐上,以中火加熱,並不停攪拌 30 秒鐘,直到麵糊表面變乾。

· 待麵糊表面變乾、不沾黏時,即可離火。將麵團倒入一個容器中。

· 繼續將蛋慢慢放入,且持續攪拌,直到麵糊吸收蛋液變得黏稠 (4)。攪至泡芙麵糊既不稀軟也不過硬即可 (5)。

· 將泡芙麵糊麵糊放入已裝上花嘴的擠花袋中。

· 在烤盤上抹上一層奶油,再撒上一層乾麵粉,在上面擠入直徑 3 公分的泡芙麵糊小球,每個之間保留幾公分間距 (6)。在每個泡芙麵糊球上刷蛋液 (7)。

· 放入 180°C 的烤箱內,烤 25 ～ 30 分鐘(烘烤期間的前 20 分鐘千萬不能打開烤箱,否則泡芙會塌陷)。

· 泡芙烤熟後,從烤箱取出。放在不鏽鋼涼架上冷卻 (8)。

· 用叉子在圓形千層酥皮上插些小孔 (9)。

份量：8～10 人份
準備時間：1 小時
烹調時間：45 分鐘

重點工具
不鏽鋼圈 1 個（直徑 24 公分）
擠花袋 1 個
平頭圓口花嘴 1 個
不鏽鋼鍋 1 個（建議選內壁
為不鏽鋼的銅鍋）

材料
奶油千層酥皮 1 捲

泡芙麵糊
水 125ml
砂糖 ½ 小匙
鹽 ¼ 小匙
奶油丁 55g
麵粉 70g
小雞蛋 3 個
＋蛋（用於上色）1 個

優質希布斯特奶油醬
吉利丁 5g
蛋黃 120g
（約 6 個蛋的量）
砂糖 50g
玉米粉 25g
全脂牛奶 250ml（重要！）
波本種香草豆莢 1 根
蛋白 150g
砂糖 50g

焦糖
砂糖 400g

1 在鍋中放入水、砂糖、鹽和奶油丁，以中火加熱。

2 將麵粉均勻的撒入開水中。

3 不停攪拌步驟 2 的混合液，直到和成均勻的麵團。

4 將蛋逐個打入鍋中，且不停地攪拌。

5 圖為和好的泡芙麵糊麵糊，質地柔軟。

6 將泡芙麵糊擠成直徑 3 公分的小球。

7 在表面刷上蛋液。

8 圖為烤熟上色的泡芙。

9 用叉子在圓形的奶油千層酥皮上插些小孔。

聖人泡芙
Saint-Honoré

- 將擠花袋內剩餘的泡芙麵糊麵糊擠在奶油千層酥皮的邊緣和中心，呈 2 個同心圓 (10)。放入 180°C 的烤箱中烤 20 ～ 25 分鐘。

製作優質希布斯特奶油醬

- 將吉利丁放入冷水中浸泡。蛋黃放入一個不鏽鋼盆中，加入砂糖和玉米粉，充分拌打至蛋黃變成淺黃色即可，避免攪打過度 (11)。另取一鍋，剝開香草豆莢，刮掉籽，與牛奶一起煮開。然後把香草豆莢從牛奶中取出。

- 把熱牛奶倒入之前混合的蛋黃液中，攪拌均勻 (12)。再倒回鍋中，以中火加熱，同時不停快速攪拌 (13)。

- 當液體變得濃稠，即可離火，加入泡軟、瀝乾的吉利丁 (14) 攪拌至吉利丁溶化在卡士達醬中。另取一容器，將蛋白和砂糖放入，輕輕攪拌均勻，然後漸漸加速攪拌，攪至蛋白打發。

- 在做好的卡士達醬中加入少許打發的蛋白，使其變得稀鬆 (15)。然後充分拌打，再加入剩餘的打發蛋白 (16)，輕輕攪拌均勻即可 (17)。

製作焦糖

- 將 ½ 的砂糖倒入鍋中（最好使用鍍錫銅鍋），小火加熱至砂糖融化，並不時用木勺攪拌，待糖全部融化，即可加入剩下的 ½ 砂糖，繼續攪拌。注意不要把糖熬糊。當糖的顏色變成琥珀色時停止加熱，將鍋子放入冷水盆中。

開始組合

- 將優質希布斯特奶油醬擠入泡芙裡面。然後表面沾上焦糖 (18)，注意別燙到手指，把泡芙黏在烤熟奶油千層酥皮邊緣上 (19)。將 ½ 的優質希布斯特奶油醬鋪在奶油千層酥皮中央 (20)，剩餘的裝入帶花嘴的擠花袋中，在蛋糕表面擠上和諧的線條即可 (21)。

Advice

- 可以在聖人泡芙表面放水果作裝飾，比如草莓或覆盆子。也可以在鋪希布斯特奶油醬前，事先把水果放在奶油千層酥餅上。

- 優質希布斯特奶油醬是由著名的甜點師希布斯特（Chiboust）發明，他在 19 世紀巴黎聖多諾黑街開了一家甜品店，創造了這款聖人泡芙，所以它也被稱作聖多諾黑（Saint-Honoré）。

10 將擠花袋中的泡芙擠在奶油千層酥皮的邊緣和中心,使其呈2個同心圓。

11 在蛋黃中加入砂糖和玉米粉,充分攪拌均勻。

12 倒入香草熱牛奶,攪拌均勻。

13 將步驟 12 的混合液倒回原本的熱牛奶鍋中,以中火加熱,並快速攪拌。

14 放入泡軟、瀝乾的吉利丁。

15 加入少許打發的蛋白,使其變得稀鬆。

16 倒入剩餘的打發蛋白。

17 輕輕將步驟 16 攪拌均勻。

18 在泡芙表面沾上焦糖。

19 把泡芙黏在烤熟的奶油千層酥皮邊緣。

20 將 ½ 的優質希布斯特奶油醬鋪在奶油千層酥皮中央。

21 剩餘的裝入帶花嘴的擠花袋中,在蛋糕表面擠上和諧的線條即成。

蘭姆千層酥
Mille-feuille au rhum

- 以 180°C 預熱烤箱。

- 先製作出千層酥皮（參考第一冊）。

- 將千層酥皮切成 3 張 30×13 公分的長方形。在鋪有烘焙紙的烤盤上鋪上 2 張千層酥皮，均勻撒上砂糖 (1)，蓋上一張烘焙紙 (2)，壓上一個不鏽鋼涼架 (3)。也照上述方法處理第三張千層酥皮。

- 放入烤箱，烤 20 ～ 25 分鐘。

- 千層酥皮烤熟時，取出放涼再使用。

- 接著製作卡士達醬（參考第 16 頁）。

- 將卡士達醬從冰箱取出，放入攪拌機中，以慢速攪拌均勻，加入黑蘭姆，再攪拌數秒 (4)。

份量：8 人份
烹調時間：20 ~ 25 分鐘
準備時間：45 分鐘

重點工具
攪拌機 1 台
擠花袋 1 個
平頭圓口花嘴（直徑 8 公釐）1 個
鋸齒刀 1 把

材料

蘭姆千層酥皮
千層酥皮 400g（參考第一冊巧克力千層酥皮，把巧
克力去掉即可製作 3 張 30×13 公分的方形千層酥皮）
砂糖 50g
特級卡士達醬 800g（參考第 16 頁）
黑蘭姆 30ml

鏡面醬
白色凝脂糖霜 300g
水 50ml
黑巧克力 50g

1 在千層酥皮上均勻撒上砂糖。

2 蓋上一張烘焙紙。

3 壓上一個不鏽鋼涼架或烤盤。

4 在卡士達醬中加入黑蘭姆，用
慢速攪拌均勻。

蘭姆千層酥

Mille-feuille au rhum

- 在鋪有烘焙紙的烤盤上放一張烤熟的千層酥皮。

- 將卡士達醬裝入擠花袋，一排排整齊的擠在第一張千層酥皮表面 (5)。然後將第二塊烤熟的千層酥皮放上，同時在酥皮上重新擠上一層卡士達醬 (6)。最後，將第三張烤熟的千層酥皮蓋上。(7)

製作鏡面醬

- 將糖霜與水放入鍋中，用木勺攪拌均勻，加熱到 35°C 離火。倒在千層酥表面 (8)，用抹刀將其抹平 (9)。

- 將巧克力隔水加熱或放入微波爐內使其融化，避免溫度過高使巧克力變糊。

- 將融化的巧克力裝入一個烘焙紙擠花袋中（參考第 210 頁）。將巧克力均勻且有規律的擠在鏡面醬上 (10) 再用刀尖在上面反向輕劃幾道，畫出波浪紋路 (11 和 12)。

- 在室溫下放置 15 分鐘左右，使其表面凝固。然後用鋸齒刀切成所需的大小，即可食用。

Advice

- 也可以在糖霜中加入食用色素。

5 將卡士達醬一排排整齊的擠在第一張千層酥皮上。

6 放上第二塊烤熟的千層酥皮，再擠上一層卡士達醬。

7 蓋上第三張烤熟的千層酥皮。

8 把鏡面醬倒在千層酥表面。

9 用抹刀將鏡面醬抹平。

10 將融化巧克力倒入烘焙紙擠花袋中，有規律的橫向擠在鏡面醬上。

11 用刀尖在鏡面醬上縱向輕劃幾道。

12 製作完成！圖為成品的樣子。

阿瑪雷托提拉米蘇

Tiramisú à l'amaretto

製作咖啡阿瑪雷托糖漿

・將濃縮咖啡、糖和阿瑪雷托酒（杏仁香甜酒）混合均勻即可。

製作海綿蛋糕餅皮

・以 180°C 預熱烤箱。

・用叉子將蛋黃攪拌均勻。

・麵粉過細篩網。

・將蛋白打至起泡後，逐漸加入砂糖 (1)，繼續打至硬性發泡，質地堅實。

・再把蛋黃倒入其中 (2)，攪打 5 秒鐘。

・加入混合好的即溶咖啡與濃縮咖啡 (3)，慢速攪拌均勻即可停止。然後放入過篩的麵粉 (4)。

・用橡皮刮刀輕輕地將所有材料攪拌均勻 (5 和 6)。

・分別倒入鋪有烘焙紙的 2 個烤盤中，用抹刀將其抹平 (7)。

・放入烤箱內烤十幾分鐘。

・海綿蛋糕餅皮烤熟後，從烤箱取出，放在不鏽鋼涼架上冷卻。

製作馬斯卡彭慕斯

・將吉利丁放入冷水中，泡軟。

・淡奶油倒入另一個較大容器內，放入冰箱冷藏。

・把砂糖和水倒入一個厚底鍋中，攪拌均勻後以中火加熱。

・不時以刷子蘸水，清洗鍋內壁，避免鍋邊有糖粒。將溫度計放入糖漿中測量糖溫，當糖漿溫度達 115°C 時停止加熱 (8)。

份量：20 人份
準備時間：1 小時
烹調時間：10 ～ 12 分鐘一爐
放置時間：1 小時以上

重點工具
溫度計 1 支
長方形不鏽鋼或硬紙板框模 1 個
（40×30 公分）
抹刀 1 把
攪拌機 1 台

材料
咖啡阿瑪雷托糖漿
濃縮咖啡（溫）150ml
糖 70g
阿瑪雷托酒（杏仁香甜酒）40g

海綿蛋糕餅皮
（2 張，40×30 公分的餅皮）
蛋黃 120g
麵粉 150g
蛋白 180g

砂糖 150g
即溶咖啡 50g
濃縮咖啡 ½ 杯

馬斯卡彭慕斯醬
吉利丁 6g
淡奶油 450g
水 50ml
砂糖 120g
蛋黃 4 個
馬斯卡彭乳酪 300g

組合
無糖可可粉 50g

1 蛋白和砂糖放入攪拌碗內，攪拌至蛋白打發。

2 將蛋黃慢慢倒入。

3 加入混合好的 2 種咖啡，以慢速攪拌。

4 放入過篩的麵粉。

5 用橡皮刮刀輕輕攪拌。

6 圖為攪拌好的咖啡蛋白麵糊。

7 將其分別倒入鋪有烘焙紙的 2 個烤盤中，用抹刀將其抹平。

8 把砂糖和水倒入一個厚底鍋中，以中火加熱。當糖漿溫度到達 115°C 停止加熱。

阿瑪雷托提拉米蘇

Tiramisú à l'amaretto

· 在加熱期間，將蛋黃倒入（不鏽鋼）攪拌碗中。

· 隨時觀察溫度計，當糖漿溫度到達 114°C 時，把鍋離火。快速將糖漿倒入蛋黃中 (9)，慢速攪拌的同時注意將糖漿順著（不鏽鋼）攪拌碗內壁倒入，以避免被糖漿燙傷。

· 所有糖漿全部倒入後，快速攪拌，攪至甜蛋黃醬溫度變涼。

· 把冰箱內的淡奶油取出，充分攪拌至打發膨脹。

· 用橡皮刮刀攪拌馬斯卡彭乳酪，然後加入甜蛋黃醬 (10)，充分攪打 (11)。

· 取一點與加熱融化的吉利丁混合，攪拌均勻後再全部混合。最後加入打發的奶油 (12)。

· 輕輕攪拌均勻 (13)。

開始組合

· 將長方形不鏽鋼或硬紙板框模放在海綿蛋糕餅皮上。

· 用小刀把多餘的部分切掉 (14)。按照此方法，處理第二塊海綿蛋糕餅皮。

· 刷子沾咖啡糖漿，將糖漿均勻刷在第一塊海綿蛋糕餅皮上 (15)。

· 倒入一部分馬斯卡彭乳酪慕斯醬 (16)，抹平 (17)。放上第二塊海綿蛋糕餅皮 (18)，刷上咖啡糖漿 (19)，倒入剩下的馬斯卡彭乳酪慕斯醬，抹平 (20)。

· 放入冰箱冷藏 1 小時以上再進行下一步驟。

· 從冰箱取出後，放在不鏽鋼涼架上，均勻撒上可可粉。

· 再用鋸齒刀將其切成所需大小即可。

9 將加熱後的糖漿倒入蛋黃中，快速攪拌。

10 將馬斯卡彭乳酪充分攪拌均勻後，再倒入放涼的甜蛋黃醬。

11 用橡皮刮刀充分攪拌。

12 加入打發的奶油。

13 用橡皮刮刀輕輕攪拌。

14 將長方形不鏽鋼框模放在一片海綿蛋糕餅皮上，用小刀切去多餘的部分。

15 在海綿蛋糕餅皮表面刷上咖啡糖漿。

16 倒入 ½ 馬斯卡彭乳酪慕斯醬。

17 用抹刀將表面抹平。

18 放上第二塊海綿蛋糕餅皮。

19 刷上咖啡糖漿。

20 倒入剩下的馬斯卡彭乳酪慕斯醬，並將表面抹平。

焦糖香梨蛋糕

Poire-caramel

製作香草糖漿

· 將水、糖和香草精混合即可。

製作巧克力海綿蛋糕餅皮。

· 以 180°C 預熱烤箱。

· 用叉子將蛋黃輕輕攪拌均勻。

· 麵粉與可可粉一起過細篩網 (1)。

· 將蛋白打到起泡,逐漸加入砂糖 (2),繼續攪打至蛋白硬性發泡。

· 然後加入蛋黃 (3 和 4),攪拌均勻。再倒入過篩的可可粉與麵粉 (5)。

· 將所有材料輕輕攪拌均勻即可 (6)。

份量：20 人份
準備時間：1 小時
烹調時間：10 ～ 12 分鐘一爐
放置時間：1 小時以上

重點工具
溫度計 1 支
長方形不鏽鋼或硬紙板框模 1 個
（40×30 公分）
抹刀 1 把
鍍錫銅鍋 1 把

材料

香草糖漿
水 70ml
糖 50g
香草精（液體）½ 小匙

巧克力海綿蛋糕餅皮
（2 張，40×30 公分的餅皮）
蛋黃 120g
麵粉 150g
可可粉 25g
蛋白 240g
砂糖 180g

焦糖梨
砂糖 50g
成熟的梨 600g
香草豆莢 1 根

焦糖醬
砂糖 60g
淡奶油 150g
奶油 30 g

焦糖慕斯
吉利丁 12g
淡奶油 550g
蛋黃 120g
（約 6 個蛋的量）
砂糖 30g
白糖 190g
水 75g
牛奶 270g

裝飾
砂糖 150g
奶油 1 小匙

1 麵粉與可可粉過細篩網後放在烘焙紙上。

2 先將蛋白打到起泡，逐漸加入砂糖，繼續攪打，直到蛋白硬性發泡。

3 加入蛋黃。

4 輕輕攪拌。

5 慢慢地倒入已過篩的可可粉與麵粉。

6 將所有材料輕輕攪拌均勻。

焦糖香梨蛋糕

Poire-caramel

· 在烤盤上鋪一張烘焙紙。

· 把混合好的巧克力雞蛋麵糊裝入擠花袋，將其整齊地擠在烘焙紙上 (7 和 8)。放入烤箱烤十幾分鐘。

· 當巧克力海綿蛋糕餅皮烤熟時，從烤箱取出，放在不鏽鋼涼架上冷卻。

製作焦糖梨

· 在一個煎鍋中加入砂糖，以小火加熱至糖融化且顏色變成深棕色 (9)，此時倒入切好的梨丁、剝開的香草豆莢及刮下的香草豆莢籽攪拌，翻炒 5 分鐘 (10 和 11)。

製作焦糖醬

· 在銅鍋中加入砂糖，以小火加熱至輕微變色。淡奶油用微波爐加熱，或放入鍋中以小火加熱。然後將其分 3 次倒入鍋裡，與焦糖混合，同時用木勺攪拌。最後，加入奶油，放到火上，以小火加熱十幾秒鐘，至焦糖醬質地絲綢潤滑即可。

製作焦糖慕斯

· 吉利丁放入冷水中泡軟。

· 把淡奶油倒入一個較大的容器內，然後放入冰箱內冷藏。

· 將蛋黃與 30g 的白糖混合，攪拌至混合液顏色變成淺黃色即可，避免過度攪拌 (12)。

· 將 190g 砂糖放入鍋中 (13)，小火加熱至融化，直到其顏色變成深棕色 (14)（這時需特別注意，若繼續加熱 5 秒鐘，焦糖就會變糊）。當焦糖一出現煙霧，立即加水 (15)，充分攪拌，繼續加熱。

· 另取一鍋，將牛奶煮開。

· 把煮開的牛奶倒入蛋黃醬中 (16)，攪拌均勻，再倒回鍋中 (17)。

· 再倒入焦糖水 (18)。

7 把混合好的巧克力雞蛋麵糊裝入擠花袋中，縱向擠成條狀。

8 將巧克力雞蛋麵糊整齊地擠滿 2 張烘焙紙。

9 在一個煎鍋中加入砂糖，用小火加熱至糖融化，直到變成深棕色的焦糖。

10 將切好的梨丁、剝開的香草豆莢及刮下的香草豆莢籽都倒入鍋中。

11 攪拌、翻炒約 5 分鐘，即完成焦糖梨。

12 將蛋黃與 30g 的糖混合，攪拌均勻即可，避免過度攪拌至其顏色變成白色。

13 將砂糖放入鍋中，小火加熱至糖融化。

14 持續加熱至糖色變成深棕色，並隨時注意糖溫！

15 在焦糖內加入冷水，充分攪拌均勻。

16 把煮開的牛奶倒入蛋黃醬中，攪拌均勻。

17 再倒回鍋中。

18 加入焦糖水。

焦糖香梨蛋糕
Poire-caramel

· 小火加熱焦糖奶油蛋黃醬，像製作英式奶油醬一樣，加熱到 82°C 後 (19)，離火。加入瀝乾的吉利丁 (20)，用木勺攪拌 (21)，放涼。但是注意不要使其凝固，若醬汁開始凝固請繼續加熱一下。

· 用打蛋器有規律的攪拌淡奶油，並慢慢增加攪拌的速度。當奶油打發至之前的 2 倍量即可停止攪拌。

· 在焦糖奶油蛋黃醬中加入打發的奶油 (22)，用木勺攪拌均勻，即完成焦糖慕斯 (23)。

開始組合

· 將長方形不鏽鋼或硬紙板框模放在巧克力海綿蛋糕餅皮上。

· 用小刀將框模外的多餘餅皮切掉。依照此方法，處理第二塊巧克力海綿蛋糕餅皮。

· 刷子沾香草糖漿，將糖漿刷在第一塊巧克力海綿蛋糕餅皮上 (24)。

· 均勻鋪上焦糖梨丁 (25)。

· 將 ½ 的焦糖慕斯倒在上面 (26)，蓋上第二塊巧克力海綿蛋糕餅皮 (27)，刷上香草糖漿，倒入剩餘的焦糖慕斯 (28)，並用抹刀將其抹平 (29)。

· 放入冰箱冷藏 1 小時以上，再進行最後裝飾。

· 將砂糖放入鍋中，以小火加熱至顏色變成深棕色（此時需特別注意，若繼續加熱 5 秒鐘，焦糖就會變糊）。當焦糖出現煙霧，加入奶油，充分攪拌，然後將其倒在烘焙紙上，用抹刀抹平。

· 當焦糖變涼，用擀麵棍將其擀碎。

· 將焦糖梨蛋糕從冰箱取出，把焦糖碎撒在蛋糕表面。

· 用鋸齒刀切成所需的大小即成。

19 當溫度到達 82°C 後，離火。

20 加入瀝乾的吉利丁。

21 用木勺攪拌。

22 在焦糖奶油蛋黃醬中加入打發的奶油。

23 用木勺輕輕攪拌均勻。

24 用刷子蘸香草糖漿，將其刷在巧克力海綿蛋糕餅皮上。

25 在海綿蛋糕餅皮上均勻地鋪上焦糖梨丁。

26 倒入 ½ 的焦糖慕斯。

27 放上第二塊巧克力海綿蛋糕餅皮。

28 刷上香草糖漿後，倒入剩餘的焦糖慕斯。

29 用抹刀將焦糖慕斯抹平。

覆盆子巧克力蛋糕
Chocolat-framboise

· 將淡奶油倒入一個容器內,放入冰箱冷藏(淡奶油將用來製作巧克力慕斯)。

製作覆盆子糖漿

· 將新鮮覆盆子攪碎,與水、檸檬汁和砂糖混合攪拌均勻即可。

製作巧克力海綿蛋糕餅皮

· 將烤箱溫度設定為 180°C 預熱。

· 將蛋黃放入一個容器內,用叉子輕輕攪拌。

· 麵粉與可可粉一起過細篩網 (1)。

· 先將蛋白打到起泡,逐漸加入砂糖,繼續攪拌至蛋白硬性發泡 (2)。

· 然後加入蛋黃 (3 和 4),攪拌均勻。

· 倒入過篩的可可粉與麵粉 (5),將所有材料輕輕攪拌均勻 (6)。

· 在烤盤上鋪一張烘焙紙。

· 把巧克力海綿蛋糕餅皮麵糊裝入擠花袋,將其整齊地擠在烘焙紙上 (7 和 8)。

· 麵糊擠滿烘焙紙後,放入烤箱烤十幾分鐘。

· 當巧克力海綿蛋糕餅皮烤熟後,從烤箱取出,放在涼架上冷卻。

份量：20 人份
準備時間：1 小時
烹調時間：15 分鐘一爐
放置時間：1 小時以上

重點工具
溫度計 1 支
長方形不鏽鋼或硬紙框模
（40×30 公分）1 個
抹刀 1 把
攪拌機 1 台

材料
覆盆子糖漿
新鮮覆盆子 100g
水 50ml
檸檬（榨成汁）¼ 個
砂糖 50g

巧克力海綿蛋糕餅皮
（製作 2 張 40×30 公分的餅皮）
蛋黃 120g
麵粉 150g
可可粉 20g
蛋白 240g
砂糖 180g

覆盆子果醬
帶籽覆盆子果醬 370g（1 罐）
覆盆子 250g

巧克力慕斯
淡奶油 500g
砂糖 90g
水 50ml
蛋黃 4 個
蛋 1 個
巧克力 220g（含 70 % 可可）

組合
融化的黑巧克力 100g
糖粉 50g

1 麵粉與可可粉一起過細篩網放到一張烘焙紙上。

2 將蛋白打到起泡，逐漸加入砂糖，繼續攪打。

3 加入蛋黃。

4 輕輕攪拌均勻。

5 倒入過篩的可可粉與麵粉。

6 將所有材料輕輕攪拌均勻。

7 把做好的巧克力海綿蛋糕餅皮麵糊裝入擠花袋，擠成條狀。

8 將其整齊地擠滿烘焙紙。

覆盆子巧克力蛋糕
Chocolat-framboise

製作覆盆子果醬

· 將罐中的帶籽覆盆子果醬和新鮮覆盆子倒入鍋中，以小火加熱數分鐘，同時不停攪拌。直到質地變得黏稠，離火放涼。

製作巧克力慕斯

· 在鍋中加入砂糖和水 (9)，加熱煮開。直到糖漿溫度到達 118°C 時離火。

· 在煮糖期間，將蛋黃和全蛋放入攪拌機中攪拌 (10)。

· 然後倒入煮好的糖漿，快速攪拌，直到蛋液充滿氣泡且濃稠。

· 將巧克力切成小塊，隔水加熱至融化，且溫度達 45°C(11)，用這種方法融化的巧克力，質地會細膩且光亮。

· 將淡奶油從冰箱內取出，用打蛋器充分攪打至原體積的 2 倍且硬性發泡。把融化的巧克力與打發的蛋液混合 (12 和 13)，再加入打發的奶油 (14 和 15)。

· 充分攪拌均勻，攪至如圖片的狀態即可 (16)。

9 在鍋中加入砂糖和水，加熱煮開。直到糖漿溫度到達 118°C 時，即可離火。

10 將蛋黃和全蛋放入攪拌機中攪拌。

11 巧克力隔水加熱至融化，且溫度達 45°C。

12 將融化的巧克力倒入打發的蛋液中。

13 用橡皮刮刀拌勻。

14 加入打發的奶油。

15 用橡皮刮刀將所有的材料充分拌勻。

16 圖為攪拌好的巧克力慕斯。

覆盆子巧克力蛋糕
Chocolat-framboise

開始組合

- 把 100g 融化的黑巧克力用抹刀均勻的抹在第一片巧克力海綿蛋糕餅皮上 (17)，待黑巧克力變涼變硬後，在上面撒上一層糖粉 (18)。

- 在烘焙紙上放一個長方形 40×30 公分的不鏽鋼或硬紙框模。

- 在框模內放入一片巧克力海綿蛋糕餅皮，刷上覆盆子糖漿 (19)。

- 然後將 ½ 的巧克力慕斯倒在上面 (20)，用抹刀將其抹平 (21)。接著將第二塊巧克力海綿蛋糕餅皮蓋在上面 (22)，刷上覆盆子糖漿 (23)，倒入剩下的 ½ 巧克力慕斯，用抹刀抹平 (24 和 25)。

- 放入冰箱，至少冷藏 2 個小時，至其質地變硬。

- 將覆盆子果醬加熱，當果醬一變溫，即可倒在巧克力蛋糕表面、抹平 (26)。

- 根據需求，用鋸齒刀將蛋糕切成所需大小即成。

把融化的黑巧克力用抹刀均勻的抹在第一片巧克力海綿蛋糕餅皮上。

在上面撒上一層糖粉。

用刷子在海綿蛋糕餅皮上刷上 ½ 的覆盆子糖漿。

然後將 ½ 的巧克力慕斯倒在上面。

將巧克力慕斯抹平。

蓋上第二塊巧克力海綿蛋糕餅皮。

將剩餘的覆盆子糖漿刷在海綿蛋糕餅皮上面。

倒入剩下的巧克力慕斯。

用抹刀將巧克力慕斯抹平。

將溫覆盆子果醬倒在巧克力蛋糕表面，抹平。

栗子蛋糕
Marronnier

製作香草蘭姆酒糖漿

· 將溫水、糖、蘭姆酒和香草精混合攪均勻即可。

製作巧克力海綿蛋糕餅皮

· 烤箱以 180°C 預熱。

· 將蛋黃放入一個容器內,用叉子輕輕攪拌。

· 麵粉與可可粉一起過細篩網。

· 先將蛋白打到起泡,逐漸加入砂糖 (1),繼續攪打,直到蛋白硬性發泡 (2)。

· 加入蛋黃 (3),慢慢攪拌均勻。

· 倒入過篩的可可粉與麵粉 (4)。

· 用橡皮刮刀輕輕攪拌 (5),將所有材料攪拌均勻即可 (6)。

· 在烤盤上鋪一張烘焙紙。

· 把巧克力海綿蛋糕餅皮麵糊倒在上面,將麵糊均勻地抹在整張烘焙紙上 (7)。

· 再次將麵糊表面抹平整,放入烤箱烤十幾分鐘。當巧克力海綿蛋糕餅皮烤熟後,從烤箱取出,放在不鏽鋼涼架上冷卻。

份量：20 人份
準備時間：1 小時
烹調時間：10 ～ 12 分鐘
一爐
放置時間：1 小時以上

重點工具
溫度計 1 支
長方形不鏽鋼或硬紙框模
（40×30 公分）1 個
抹刀 1 把
攪拌機 1 台

材料
香草蘭姆酒糖漿
溫水 70ml
糖 50g
蘭姆酒 1 小匙
香草精（液體）½ 小匙

巧克力海綿蛋糕餅皮
（製作 2 張 40×30 公分的餅皮）
蛋黃 120g
麵粉 150g
可可粉 20g
蛋白 240g
砂糖 180g

栗子慕斯
吉利丁 12g
淡奶油 550g
栗子蓉 500g
水 50ml
蛋黃 6 個
水 40ml
砂糖 70g
黑蘭姆 30ml

內餡
栗子蓉 200g

1 先將蛋白打到起泡，逐漸加入砂糖，繼續攪打。

4 倒入過篩的可可粉與麵粉。

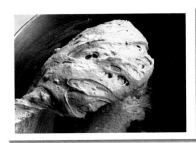

7 把巧克力海綿蛋糕餅皮麵糊，倒在鋪有烘焙紙的烤盤上。

2 將蛋白打至硬性發泡。

5 用橡皮刮刀輕輕攪拌。

3 加入蛋黃，慢慢攪拌均勻。

6 將所有材料攪拌均勻即可。

栗子蛋糕
Marronnier

製作栗子慕斯

· 取一鋼盆將吉利丁放入冷水中泡軟。

· 把淡奶油倒入一個較大容器內，再放入冰箱冷藏。

· 用橡皮刮刀將栗子蓉與水（50ml）攪拌均勻。

· 將蛋黃倒入（不鏽鋼）攪拌碗內 (8)，慢速攪拌，同時開始製作熱糖漿。

· 取一個厚底鍋，倒入 40ml 水和砂糖，以中火加熱，並不時用刷子沾冷水清洗鍋邊內側，確保鍋內壁沒有沾黏糖粒。

· 在糖漿內放入溫度計，至溫度達 115°C 時 (9)，立即離火。

· 馬上倒入仍在攪拌的蛋黃中 (10)，同時注意順著（不鏽鋼）攪拌碗內壁倒入糖漿，避免被燙傷。

· 所有熱糖漿倒入蛋黃中後，即可將攪拌速度轉至快速，攪至熱蛋黃變涼。

· 將冰箱中的奶油取出，將其打發至原先的 2 倍量。

· 黑蘭姆稍微加熱，與瀝乾的吉利丁混合，待吉利丁溶於黑蘭姆中 (11)，攪拌均勻。

· 將吉利丁混合液倒入栗子蓉中 (12)，用橡皮刮刀充分攪拌 (13)。然後加入燙過打發的蛋黃醬 (14)，輕輕攪拌 (15)。

· 最後，加入打發的奶油 (16)，輕輕攪拌均勻 (17)，攪至質地細膩 (18)。

8 將蛋黃倒入（不鏽鋼）攪拌碗內，慢速攪拌。

9 同時開始製作熱糖漿，糖漿混好後，加熱至 115°C。

10 將熱糖漿慢慢倒入仍在攪拌的蛋黃中，攪拌成奶油狀。

11 把溫蘭姆酒與瀝乾的吉利丁混合。

12 將其倒入栗子蓉中。

13 用橡皮刮刀充分攪拌。

14 加入燙過打發的蛋黃醬。

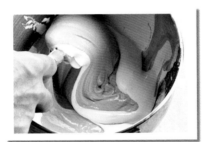

15 用橡皮刮刀充分攪拌。

16 加入打發的奶油。

17 輕輕攪拌。

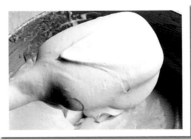

18 攪至步驟 17 的栗子奶油質地細膩即可。

栗子蛋糕

Marronnier

開始組合

· 將 40×30 公分的長方形不鏽鋼或硬紙板框模放在一片巧克力海綿蛋糕餅皮上。用小刀切掉多餘的餅皮切掉 (19)。重複此方法製作第二塊巧克力海綿蛋糕餅皮。

· 將香草蘭姆酒糖漿刷在方圈裡的巧克力海綿蛋糕餅皮上 (20)。

· 然後再均勻抹上一層栗子蓉 (21)。

· 接著倒入 ½ 栗子慕斯 (22)，抹平後將第二塊巧克力海綿蛋糕餅皮蓋上 (23)，在第二塊餅皮上刷上香草蘭姆酒糖漿，倒入剩下的栗子慕斯 (24 和 25)、抹平。完成後的栗子蛋糕高度會在 4 公分左右。

· 將其放入冰箱冷凍 1 小時以上，再進行下個步驟。

· 用鋸齒刀在黑巧克力表面刮下碎屑，將其覆蓋在栗子蛋糕上。

· 最後用鋸齒刀將栗子蛋糕切成所需大小即成。

19 用小刀將框模周圍的多餘餅皮切掉。

20 在巧克力海綿蛋糕餅皮上，刷上香草蘭姆酒糖漿。

21 在巧克力海綿蛋糕餅皮上，均勻抹上一層栗子蓉。

22 倒入栗子慕斯，再用橡皮刮刀抹平。

23 然後蓋上第二塊巧克力海綿蛋糕餅皮。

24 倒入剩餘的栗子慕斯。

25 用抹刀將栗子慕斯抹平。

洋梨夏洛特蛋糕
Charlotte aux poires

製作梨糖漿

· 將水、糖、香草精和香梨白蘭地混合均勻即可。

製作海綿蛋糕餅皮

· 以 200°C 預熱烤箱。

· 麵粉過細篩網。

· 攪拌機中倒入蛋白，將蛋白打到起泡，逐漸加入砂糖 (1)，繼續攪打至蛋白硬性發泡 (2)。

· 慢慢加入蛋黃 (3)，攪拌 5 秒鐘 (4 和 5)。

· 倒入過篩的麵粉 (6)，用橡皮刮刀將所有材料攪拌均勻。

· 在烤盤上鋪一張烘焙紙。

· 將海綿蛋糕餅皮麵糊裝入帶花嘴的擠花袋中，縱向整齊地擠在烘焙紙上，擠 15 條，每條長度約 12 公分，中間保留一定間隔 (7)。然後再從定點劃圈，擠出 2 個直徑 14 公分的圓餅。

· 在麵糊上撒過篩後的糖粉 (8)，放入 200°C 的烤箱烤 8 ～ 10 分鐘，直到表面輕微上色即可。

· 當海綿蛋糕餅皮烤熟，從烤箱取出，放在不鏽鋼涼架上冷卻。

份量 ：8 人份
準備時間：1 小時
烹調時間：10 ～ 12 分鐘一爐
放置時間：至少 2 小時

重點工具
夏洛特蛋糕模 1 個（深底玻璃容
器 1 個）
攪拌機 1 台
擠花袋 1 個
平頭圓口花嘴 1 個（直徑 10 公釐）

材料

梨糖漿
水 70ml
糖 50g
香草精 ½ 小匙（液體）
香梨白蘭地 20ml

海綿蛋糕餅皮
（製作 15 條餅皮及 2 張
直徑 14 公分的餅圓皮）
蛋 4 個
砂糖 120g
麵粉 120g
糖粉 50g

巴伐利亞香梨奶油
吉利丁 10g
全脂淡奶油 270g
新鮮成熟梨 150g
香草豆莢 ½ 根
全脂牛奶 150ml
蛋黃 80g
砂糖 90g
香梨白蘭地 15ml

組合
新鮮梨塊 300g（成熟梨）

1 蛋白倒入攪拌機中打發。

2 將砂糖加在打發的蛋白中。

3 加入蛋黃。

4 繼續攪拌幾秒鐘。

5 圖為攪拌好的狀態。

6 倒入過篩的麵粉後，再次攪拌
均勻。

7 海綿蛋糕餅皮麵糊裝入擠花袋
中，擠成 15 條 12 公分左右的
長條。

8 糖粉過細篩網，撒在麵糊上。

洋梨夏洛特蛋糕

製作巴伐利亞香梨奶油

· 吉利丁放入冷水中泡軟。

· 淡奶油倒入一個大容器內,放入冰箱冷藏。

· 把成熟梨切成小丁。

· 把香草豆莢及香草籽放入煮開的牛奶鍋中浸泡 (9),然後將豆莢取出。

· 蛋黃和砂糖放入鋼盆中攪拌均勻 (10),倒入熱香草牛奶 (11)。

· 攪拌均勻後倒回鍋中 (12),以中火加熱並不停攪拌,直到溫度達 82°C,質地黏稠得像英式奶油醬般即可離火。

· 加入瀝乾的吉利丁 (13)、香梨白蘭地 (14) 和梨丁 (15)。用食物調理棒將所有材料打碎,攪拌均勻 (16)。

· 取出冷藏的淡奶油,充分攪拌,將其打發至原先的 2 倍。

· 待香梨蛋黃醬變涼後即可加入打發的奶油 (17),用打蛋器輕輕攪拌均勻 (18)。將做好的巴伐利亞香梨奶油置於室溫下保存備用。

9 把香草豆莢及香草籽放入煮開的牛奶鍋中浸泡。

10 蛋黃和砂糖混合攪拌均勻。

11 將熱香草牛奶倒入蛋黃中。

12 拌勻後倒回鍋中，繼續加熱。

13 加入瀝乾的吉利丁。

14 倒入香梨白蘭地。

15 加入梨丁。

16 用食物調理棒將所有的材料打碎，攪拌均勻。

17 在變涼的香梨蛋黃醬中加入打發的奶油。

18 用打蛋器輕輕攪拌均勻。

洋梨夏洛特蛋糕
Charlotte aux poires

開始組合

· 在每根海綿蛋糕餅皮上刷一層梨糖漿後 (19)，縱向放入模具或有深度的容器內，緊密排列 (20)。倒入少許巴伐利亞香梨奶油 (21)，撒些梨塊 (22)。

· 在一片海綿蛋糕圓餅皮上刷梨糖漿後 (23)，蓋在梨塊上 (24 和 25)。然後倒入巴伐利亞香梨奶油 (26)，撒上梨塊 (27)，再次倒入巴伐利亞香梨奶油，直到奶油覆蓋住梨塊，並滿至容器邊緣停止倒入 (28)，蓋上第二片海綿蛋糕圓餅皮 (29)。

· 輕輕按壓蓋在上面的第二片海綿蛋糕圓餅皮，使得每根側面的海綿蛋糕餅皮向內收緊、蛋糕變得緊實 (30)。

· 將其放入冰箱冷藏至少 2 小時，再進行下一步驟。從冰箱取出後，將模具或容器放入熱水盆中 3～4 秒鐘，然後在上面蓋一個盤子，將蛋糕倒扣過來，再拿掉模具或容器。切些梨片，表面撒些檸檬汁，放在洋梨夏洛特蛋糕上（也可以在梨片上刷些木瓜果醬，使表面更有光澤）。

· 用鋸齒刀將蛋糕切成所需大小，即可食用。

19 在每根海綿蛋糕餅皮上刷一層梨糖漿。

20 將餅皮條縱向排入模具或容器內壁。

21 倒入少許巴伐利亞香梨奶油。

22 撒上些許梨塊。

23 在一片海綿蛋糕圓餅皮表面刷上梨糖漿。

24 蓋在梨塊上。

25 輕輕按壓。

26 再次倒入巴伐利亞香梨奶油。

27 均勻撒上梨塊。

28 倒入巴伐利亞香梨奶油,至奶油覆蓋住梨塊,並滿至容器邊緣停止倒入。

29 蓋上第二片海綿蛋糕圓餅皮。

30 輕輕按壓,使得洋梨夏洛特蛋糕變得緊實。

PART

2

迷你小點心

製作小點心

以下是製作小點心的一些建議。

預先規劃，組織實施
先將雞尾酒宴會上的點心用量預先估好，每人 4 塊小甜點，4 塊小鹹點；晚餐前的開胃小吃為 4 ～ 8 塊小鹹點；用餐結束後需要 3 ～ 4 塊小甜點。這樣您就可以參考前面的用量，估好需要購買的材料量。開始製作前，要稱量所有的材料。

品嘗點心
大部分點心都會在冰箱裡冷藏，保存期為 1 ～ 2 天，取出後常溫放置十幾分鐘即可品嘗食用。

點心保存
除了以泡芙麵糊為基礎製作的點心不能冷凍過久，大部分的點心冷凍保存是沒有問題的，一些點心在食用前冷凍 3 ～ 4 週也沒有問題。

必要工具
建議最好使用電動攪拌機，但是如果有手持式攪拌器也足夠了。一些小蛋糕建議在不鏽鋼圈模或者紙質模具中脹發（紙質模具最好是自己親自製作的）。曲柄抹刀會比直柄抹刀更容易操作，便於將材料表面抹平。烹調時，最好使用矽膠模具，這種特別的軟模具特別適合製作小點心。這些軟模具使您能夠製作出完美鏡面且規格統一、乾淨俐落，適合小盒狀的小點心。

成功的烘焙
在烘烤餅乾類的點心時，需要使用旋風烤箱，而烘焙泡芙類點心時，使用自然對流烤箱即可。

矽膠模具的使用及維護

填裝材料

為了方便操作，並讓烘焙過程中的空氣能夠良好循環，填裝材料到模具前，請將模具放在有孔的鋁製烤盤上。

烘焙

一些矽膠模具和矽膠墊適合任何溫度的烘烤，甚至可以在微波爐中使用。但是要注意不要讓模具直接接觸火和烤箱內壁，也不要使用烤箱中的燒烤模式。在使用烤箱時，矽膠模具需要一定的烘烤時間及溫度，而旋風烤箱加熱速度會比傳統電熱烤箱更快。

冷凍

你可以把裝入材料的矽膠模具直接放入 - 40°C 的冰箱冷凍。也可以在矽膠模具中裝入霜淇淋或冰霜，或者簡單盛裝材料直接放入冰箱中冷藏。

脫模

將盤子扣在模具上，再與模具一起翻轉過來脫模。如果烤熟的成品無法從模具中脫出，可先用小刀將模具邊緣與材料分開。另外，一定要先脫模再切割，不要直接在模具中或矽膠墊上分割烤熟的成品，否則會損害模具。

維護保養

將用過的矽膠模具放入熱肥皂水中浸泡，再用軟海綿清理，避免搓磨。不需要用棉布擦乾軟模具，簡單的甩去水分，晾乾即可。

Tips 可將矽膠模具放入 100°C 的烤箱內 2 分鐘，即可烘乾，這樣做還有衛生消毒的作用呢。

儲存

矽膠模具需倒扣儲存，當然也可以堆放，但是注意上面不要放其他過重物品，以免模具壓壞變形。矽膠墊不能折疊，但是可以捲起來存放。

水果鏡面醬
Glaçage fruits

- 吉利丁片泡入 500g 的冷水中。

- 在鍋中倒入 150ml 水、砂糖 (1)、柳丁皮、檸檬皮 (2 和 3)、½ 香草豆莢及刮下的籽 (4)，煮開後立即關火。加入瀝乾的軟吉利丁片 (5)。

- 用打蛋器輕輕攪拌 (6) 後，用細篩網過濾 (7)，放入冰箱冷藏，直到用時再取出即可 (8)。

- 使用時，將水果鏡面醬隔水略微加熱即可淋（刷）在小點心表面。

Advice

- 水果鏡面醬可以在冰箱內冷凍幾週或冷藏幾天。

數量：約可用於 40 個小點心
準備時間：10 分鐘

材料
吉利丁片 10g
礦泉水 150ml
砂糖 200g
柳丁皮 ¼ 個
檸檬皮 ¼ 個
香草豆莢 ½ 根

1　在鍋中倒入水和砂糖。

2　加入柳丁皮。

3　加入檸檬皮。

4　糖水煮開後，加入香草豆莢及刮下的籽。

5　加入瀝乾的軟吉利丁片。

6　用打蛋器輕輕攪拌。

7　將步驟 6 的混合液用細篩網過濾到另一容器中。

8　把做好的水果鏡面醬放入冰箱冷藏，直到要使用時再取出。

乳白鏡面醬
Glaçage blanc opaque

數量：520g
準備時間：10 分鐘
重點工具：溫度計 1 支
材料
杏仁果凍 50g
吉利丁片 7g
淡奶油 100g
低脂奶粉 40g
水 50g
砂糖 200g
葡萄糖或蜂蜜 75g

· 在一個鍋內倒入杏仁果凍，加熱融化後過細篩網，然後秤 50g 的量出來。

· 吉利丁片放入冷水中，泡至完全變軟。

· 另取一鍋，倒入淡奶油和奶粉，以中火隔水加熱。

· 再取一鍋，倒入水、砂糖和葡萄糖，加熱至 110°C 時，加入熱奶油及瀝乾的軟吉利丁片。

· 最後，將熱奶油混合液與 50g 的杏仁果漿均勻混合。

· 也可以在乳白鏡面醬裡加入喜歡的食用色素。

可可鏡面醬

Glaçage au cacao

數量：約可用於 30 個小點心
準備時間：10 分鐘
材料
吉利丁片 8g
水 120g
砂糖 145g
無糖可可粉 50g
淡奶油（含脂量 30%）100g
食用紅色素 1 滴

· 在一個較大的容器內倒入冷水（可放少許冰塊），再放入吉利丁片浸泡。

· 把水、砂糖、可可粉和淡奶油倒入一個鍋中，小火加熱。同時輕輕攪拌，注意不要用力攪打，因為這樣會導入大量氣泡。

· 當混合液煮開後即可離火。

· 將瀝乾的吉利丁片馬上放入沸騰中的液體（如果液體太涼，略微加熱），並滴入 1 滴食用紅色素。

· 然後，用細篩網將混合液過濾到一個容器內即成。

· 使用前，將可可鏡面醬隔水加熱或微波加熱，但不要過度攪拌。待其變涼，且沒有凝固時即可使用。

Advice

· 可將可可鏡面醬放入密封容器內冷藏保存約 1 週，或者放入冷凍室冷凍保存更久些。

甜沙布蕾小塔皮底

Fonds de tartelettes en pâte sablée

- 將麵粉、泡打粉和砂糖倒在砧板上 (1)，加入柳丁皮碎和奶油 (2)。雙手抓揉 (3)，同時以手掌搓揉混合的材料，再用指尖碾碎麵團中的大顆粒，搓至混合的材料變成均勻的細砂粒 (4)。然後在中間挖一個小坑，倒入蛋黃和水 (5)。

- 用指尖快速攪拌，把麵團揉均勻，使麵團表面光滑，須注意避免操作時間過久 (6 和 7)。

- 和好的麵團等分成 2 份，分別用保鮮膜包好 (8)。一塊放入冰箱冷藏 1 小時，另外一塊冷凍，以後再用。

數量：約 300g 甜沙布蕾塔皮或 60 個小塔皮
準備時間：10 分鐘
烹調時間：10 分鐘

材料

麵粉 150g

泡打粉 1 小撮

砂糖 75g

柳丁 ½ 個

奶油（室溫回軟）75g

蛋黃 1 個

水 1 大匙

1 將麵粉、泡打粉和砂糖倒在砧板上，中間挖一個小坑。

2 然後加入柳丁皮碎和回溫後的奶油。

3 揉合所有材料。

4 搓至混合的材料都變成均勻細砂粒狀為止。

5 在中間做一個小坑，放入蛋黃和水。

6 攪拌、揉和所有材料，但避免過度揉麵。

7 和成表面光滑的麵團。

8 將和好的麵團用保鮮膜包好，放入冰箱冷藏 1 小時

甜沙布蕾小塔皮底

Fonds de tartelettes en pâte sablée

· 以 180°C 預熱烤箱。

· 在砧板上撒一層薄薄的麵粉，用擀麵棍將麵團擀成 2 公釐厚的麵片 (9)。
  放入冰箱冷藏幾分鐘後取出，取出後用叉子在上面插些小孔 (10)。

· 利用直徑 6 公分的圓形餅乾模，在麵片上割下 15 個小圓麵片 (11)，然
  後將小圓麵片放入小塔模具內壓緊實 (12)。

· 將模具放在不鏽鋼涼架上，入烤箱烤 10 ～ 15 分鐘。取出後在不鏽鋼涼
  架上放涼。

Advice

· 烤熟的小塔皮，可冷凍保存或陰涼保存 2 天。

9 用擀麵棍將沙布蕾麵團擀成 2 公釐厚的片。

10 避免麵片在烘烤過程中膨脹，用叉子在上面先插些小孔。

11 利用圓形餅乾模，在麵片上割下多個小圓麵片。

12 將小圓片放入小塔模具內，緊緊壓實。放入 180°C 烤箱內，烤 10 分鐘。

小杏仁塔
Tartelettes à la frangipane

製作杏仁餡料

· 在一個大盆中放入回溫後的奶油，用打蛋器 (1) 將奶油充分攪拌 (2)。

· 加入蛋 (3) 和一部分砂糖 (4)。

· 繼續用力攪打 (5)。

· 再加入剩下的砂糖、黑蘭姆和杏仁粉 (6)。繼續攪拌至勻 (7)。

組合

· 將製作好的杏仁內餡裝入擠花袋，擠入模具中的小塔皮底部 (8)。

· 放入以 180℃ 預熱好的烤箱內，烤 15 分鐘。這就是烤熟後脫模的小杏仁塔 (9)。

Advice

· 最好在前一天晚上就將冰箱內的所需材料取出，放置在常溫下。

· 過多的杏仁內餡材料，可以放入密封盒內冷凍保存。

準備時間：10 分鐘
烹調時間：15 分鐘

重點工具
擠花袋 1 個
中號平頭圓口花嘴 1 個
小塔模具 1 個

材料
甜沙布蕾塔皮 450g（參考第 110 頁）

杏仁內餡
奶油（室溫回軟）120g
蛋 2 個
砂糖 120g
黑蘭姆 1 大匙
杏仁粉 120g

1 用打蛋器將回溫後的奶油攪打至均勻、細膩。

2 持續攪打奶油。

3 加入蛋。

4 加入一部分砂糖，繼續攪拌。

5 不停地攪打步驟 4 的混合物。

6 加入剩餘的砂糖、蘭姆酒和杏仁粉。

7 輕輕攪拌均勻。

8 先將做好的杏仁內餡裝入擠花袋內，再擠入模具中的小塔皮底部。

9 這就是烤好的小杏仁塔！

脆甜沙布蕾塔皮
Pâte sablée très friable

- 將軟化後的奶油放入一個盆中,用木鏟攪拌得更加柔軟。

- 加入糖粉和鹽 (1),用打蛋器充分攪拌 (2)。

- 加入麵粉 (3),攪拌成麵團 (4)。

- 把麵團放在一張烘焙紙上,再覆蓋上一張烘焙紙,輕輕按壓,再用擀麵棍將麵團擀成片 (5)。

- 麵片的厚度在 3 公釐左右 (6),放入冰箱冷凍幾分鐘。

- 從冰箱取出後,把表面的烘焙紙撕開 (7),在麵片上撒一層薄薄的麵粉,再將其倒扣在另外一張烘焙紙上,撕開表面烘焙紙,在麵片另外一面撒上一層薄薄的麵粉。

- 用餅乾模,在麵片上割下直徑 6 公分的小圓片。

- 把所有小圓麵片放入小塔皮模具中,壓實。

Advice

- 脆甜沙布蕾塔皮在溫度夠低並有輕微冷凍的情況下非常容易操作。

- 脆甜沙布蕾塔皮內充足的奶油會帶來很好的味道,但是不易製作。

- 麵皮在製作時只能利用模具烘烤,或將麵皮放在蛋糕底部用一點果醬沾黏後再烘烤。

數量：約 250g 脆甜沙布蕾塔皮
準備時間：10 分鐘

材料
奶油（室溫回軟）125g
糖粉 45g
鹽 1g
麵粉 115g

重點工具
直徑 6 公分的圓形餅乾模
小塔皮模具

1 在裝有回軟後的奶油容器內加入糖粉和鹽。

2 用打蛋器充分攪拌。

3 加入麵粉。

4 繼續攪拌步驟 3，和成麵團。

5 把麵團放在 2 張烘焙紙的中間，用擀麵棍擀成片。

6 擀成約 3 公釐厚的麵片。

7 把麵片兩面的烘焙紙撕開，兩面都撒上一層薄薄的麵粉。

橙花味棉花糖
Guimauves à la fleur d'oranger

- 吉利丁片放入冷水中泡軟。

- 在鍋中倒入水、砂糖和葡萄糖 (1)，小火加熱到 130°C。

- 瀝乾的吉利丁片放入溫橙花水中，攪拌至吉利丁片融化。

- 蛋白用攪拌機打發，然後倒入煮好的糖漿 (2)，攪拌均勻。

- 加入橙花水 (3) 和食用紅色素 (4)。

- 繼續攪拌，使棉花糖混合材料脹發 (5)、黏稠且質地均勻一致即可停止。

- 在一旁將糖粉和太白粉混合均勻後，撒在一張烘焙紙上 (6)。接著把棉花糖混合材料倒在上面 (7)，在表面撒上一層糖粉及太白粉的混合粉 (8)，再蓋上一張烘焙紙 (9)，用擀麵棍擀成 2 公分厚的片 (10)。

- 放置 2 小時，待其變硬，但不要變脆。

- 切成小塊，用保鮮膜包好儲存。

Advice

- 可使用矽膠墊來代替烘焙紙，但可以不用在矽膠墊表面抹油，因為它是不沾墊。

- 也可以將棉花糖放入密封盒子內，在陰涼處保存約一週，或者可以冷凍保存數週。

準備時間：15 分鐘

材料
吉利丁片 22g
水 100ml
砂糖 440g
葡萄糖 45g
橙花水 30ml
蛋白 2 個
食用紅色素少許

糖粉 100g
太白粉 100g

1 鍋中倒入水、砂糖和葡萄糖，攪拌。

2 將蛋白用攪拌機打發後，慢慢倒入煮好的糖漿。

3 加入溫的吉利丁片橙花水。

4 倒入食用紅色素。

5 繼續攪拌，使棉花糖混合材料脹發變得黏稠且質地均勻一致即可。

6 將糖粉和太白粉混合均勻後撒在一張烘焙紙上。

7 把棉花糖混合材料倒在烘焙紙上。

8 撒上一層糖粉及太白粉的混合粉末。

9 再蓋上一張烘焙紙。

10 用擀麵棍擀成厚片。

覆盆子棉花糖
Guimauves à la framboise

- 吉利丁片放在冷水中泡軟。

- 在鍋中倒入 300g 覆盆子果肉和 175g 砂糖 (1)，小火加熱到 105°C。

- 加入瀝乾的吉利丁片 (2)。

- 放入 70g 覆盆子果肉和 150g 砂糖 (3)，離火，用橡皮刮刀攪拌均勻 (4)。

- 倒入攪拌碗內，快速攪拌。

- 攪至覆盆子混合物變涼、充滿氣泡，變成粉色即可 (5)。

- 將植物油塗抹在烘焙紙上 (6)，待覆盆子混合物變涼後，將其鋪在塗有植物油的烘焙紙上 (7)，表面再蓋一張烘焙紙 (8)。

- 拿 2 根尺放在覆盆子混合物的兩側 (9)，用擀麵棍將其擀成 1 公分厚 (10)。在常溫下放涼後，切成小塊。

- 最後把小塊的覆盆子棉花糖放入可可粉或砂糖中，包裹均勻即可。

Advice

- 可使用矽膠墊來代替烘焙紙，但可以不用在矽膠墊表面抹油，因為它是不沾墊。

- 棉花糖冷凍保存，能夠保存得較好。

數量：約 60 個
準備時間：15 分
重點工具
溫度計 1 個
攪拌機 1 台

材料
吉利丁片 28g
覆盆子果肉 300g＋70g
砂糖 175g＋150g

1 將覆盆子果肉和砂糖倒入鍋中攪拌均勻。

2 加入瀝乾的吉利丁片。

3 放入覆盆子果肉和砂糖。

4 用橡皮刮刀攪拌均勻。

5 將步驟 4 的覆盆子混合物倒入攪拌碗內，快速攪拌使其變成粉色。

6 將植物油塗抹在烘焙紙上。

7 覆盆子棉花糖變涼後，倒在烘焙紙上。

8 在覆盆子棉花糖表面蓋一張烘焙紙。

9 將 2 根尺放在覆盆子棉花糖兩側。

10 用擀麵棍將棉花糖擀開。

焦糖硬殼葡萄

Raisins dans leur coque caramel

- 將砂糖和水倒入鍋中 (1)，再加入幾滴檸檬汁 (2)。

- 小火加熱，至糖漿溫度達 150°C (3)。

- 糖漿溫度到達後，立即離火，放置片刻使糖漿顏色變成焦糖色。再放到爐子上用大火加熱一下。（注意不要攪拌，否則焦糖容易結晶）。

- 用剪刀從葡萄串上剪下一個葡萄 (4)，剪下時留一小段葡萄梗，以便用鑷子夾住。

- 用鑷子夾住葡萄梗，將葡萄全部浸入焦糖中 (5)，然後直接放在不沾烤盤上 (6) 或矽膠墊上，放涼即可。

- 當我在季薩瓦（Guy Savoy）做甜點主廚時就做過這個小點心，而且像這種高水準且純樸的藝術品是我們每天都在尋找的。

Advice

- 你可以用同樣的方法製作質地緊實的草莓，但是成品只能保存幾個小時。

- 可將其中的 50g 砂糖換成葡萄糖，焦糖硬殼葡萄的外形就會保持得更好。

數量：30 個以上
準備時間：15 分鐘
烹調時間：10 分鐘

重點工具
溫度計 1 支
鑷子 1 把

材料
砂糖 250g
水 100ml
檸檬汁數滴
白葡萄 1 串

1 將砂糖和水倒入鍋中。

2 加入幾滴檸檬汁。

3 開小火加熱糖漿，使糖漿溫度達 150°C。

4 用剪刀剪下一個葡萄，剪下時留一小段葡萄梗。

5 用鑷子夾住葡萄梗，將葡萄珠全部浸入焦糖中。

6 然後將焦糖葡萄直接放在不沾烤盤上即成。

鳳梨杏仁塔
Tartelettes à l'ananas

- 將 15 個裝有內餡的小杏仁塔放在模具中。

- 撒上椰子粉 (1)，放入 180°C 的烤箱，烤 12 ～ 15 分鐘。

- 在這期間，製作水果鏡面醬（參考第 106 頁）。

- 當杏仁椰蓉小塔烤熟後，灑上一些黑蘭姆 (2)。

- 將鳳梨橫向切成 0.5 公分的薄片 (3)。再用大餅乾模切掉鳳梨片的外皮 (4)，小餅乾模切掉中心的硬梗 (5)。

- 把鳳梨片疊在一起，切成小條 (6)。

- 把杏仁椰蓉小塔排在不鏽鋼涼架上，在每個小塔上放 6 根小鳳梨條 (7)，和 3 根刮成細絲的萊姆皮 (8)。

- 草莓切小丁，在每個鳳梨杏仁塔上放 3 個草莓丁。

- 放入冰箱冷藏 30 分鐘。取出後，用刷子蘸即將凝固的水果鏡面醬，刷在杏仁塔表面 (9)。

- 放入冰箱冷藏，食用時再取出。

Advice

- 選用質地緊實的鳳梨，不但更容易切割還能讓小塔感覺更扎實。

數量：15 個
準備時間：45 分鐘
烹調時間：15 分鐘

重點工具
圓形餅乾模 2 個
刨絲刀 1 把
刷子 1 把
小塔模具 1 個

材料
未烘烤的小杏仁塔 15 個（參考第 114 頁）
椰子粉 50g
黑蘭姆少許
水果鏡面醬少許（參考第 106 頁）
鳳梨 1 個
萊姆 1 個
草莓 5 個

1 在裝有內餡的小杏仁塔上撒椰子粉，放入 180℃ 的烤箱內，烤 15 分鐘。

2 在烤熟的杏仁椰蓉小塔上灑些黑蘭姆。

3 用水果刀將鳳梨橫向切成 0.5 公分的薄片。

4 另外用大餅乾模來切掉鳳梨片的外皮。

5 再用小餅乾模切掉鳳梨中心的硬梗。

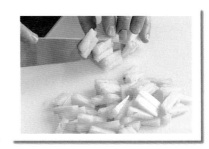

6 把切好的鳳梨片疊在一起，切成小條。

7 在每個小塔表面上放 6 根小鳳梨條。

8 在每個小塔上再放 3 根刮成細絲的萊姆皮作裝飾。

9 最後在每個小塔上放 3 個草莓丁，並刷上水果鏡面醬。

迷你水果塔
Mini-tartes aux fruits

· 將糖漿杏桃中的杏桃撈出，最好提前一晚瀝乾水分，這樣杏桃內的水分才不會把小杏仁塔浸濕。

· 選用 5 個未烘烤的小杏仁塔 (1)，將冷凍櫻桃直接放在上面，這樣櫻桃水才不會流得太快 (2)。

· 把梨切成小塊 (3)，分別在另外 5 個未烘烤的小杏仁塔皮上放一塊 (4)。然後再把 ½ 個杏桃內部朝上放在最後 5 個未烘烤的小杏仁塔皮上 (5)。

· 在櫻桃杏仁塔上撒開心果仁碎 (6)。

· 在杏桃杏仁塔上撒杏仁片 (7)。

· 在所有水果塔皮表面的中間撒上少許香草糖 (8)。

· 再將奶油分別放在每個杏桃杏仁塔上 (9)。

· 把所有迷你水果塔皮放入 180°C 的烤箱內烤 15 分鐘。

Advice

· 也可以使用罐頭櫻桃，但罐頭櫻桃裝飾性較強，品質就稍差了些。

數量：30 個
準備時間：1 小時
烹調時間：每爐烤 15 分鐘

重點工具
小塔模具 1 個

材料
未烘烤的小杏仁塔 30 個（參考第 114 頁）
糖漿杏桃 150g
冷凍櫻桃 100g
熟透的威廉姆斯梨 1 個
開心果仁 50g
杏仁片 50g
香草糖 50g
奶油 25g

1 準備未烘烤的小杏仁塔 30 個。

2 將冷凍櫻桃直接輕輕地放在小杏仁塔上。

3 把威廉姆斯梨切成小塊。

4 將梨塊放在小杏仁塔上。

5 把半個杏桃內部朝上放在小杏仁塔上面。

6 在櫻桃杏仁塔上撒開心果仁碎裝飾。

7 在杏桃杏仁塔上撒杏仁片。

8 在所有水果塔的中間撒上少許香草糖。

9 將奶油丁分別放在每個杏桃杏仁塔皮上。

覆盆子杏仁塔
Tartelettes à la framboise

· 將吉利丁片浸入冷水中泡軟。

· 把覆盆子果泥和砂糖一起倒入鍋中 (1)，再加入全蛋和蛋黃 (2)。

· 小火加熱至煮開，同時用打蛋器不停攪拌 (3)。

· 煮開後離火，加入瀝乾的軟吉利丁片及小塊奶油 (4)。攪拌均勻後，過細篩網 (5)。然後，將覆盆子蛋黃醬倒入一個較深的容器內，用食物調理棒攪 1 分鐘 (6)，攪至蛋黃醬內充滿氣泡且質地潤滑。

· 最後，將蛋黃醬倒入放在不鏽鋼涼架上的半球形模具中 (7)，放入冰箱，冷凍 1 個小時。

數量：25 個
準備時間：1 小時
烹調時間：15 分鐘

重點工具
細篩網 1 個
食物調理棒 1 支
半球形模具 1 個
迷你塔形模具 1 個
不鏽鋼抹刀 1 把

材料
未烘烤的小杏仁塔 25 個
（參考第 114 頁）
新鮮覆盆子 125g

覆盆子內餡
吉利丁片 4g
覆盆子果泥 200g
砂糖 60g
蛋黃 3 個

蛋 1 個
奶油 75g
乳白鏡面醬（參考第 108 頁）＋少許粉色食用色
素適量
冷凍的水晶玫瑰花瓣數片（或第 246 頁的拉糖玫
瑰花）

1 把覆盆子果泥和砂糖倒入鍋中加熱。

2 攪拌的同時，加入蛋和蛋黃。

3 用打蛋器不停攪拌至煮開。

4 離火，加入瀝乾的軟吉利丁片及切成小塊的奶油。

5 攪拌均勻後，過細篩網。

6 然後再用食物調理棒將覆盆子蛋黃醬打得更碎。

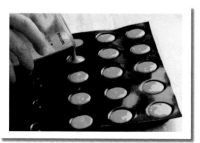
7 將覆盆子蛋黃醬倒入，放在不鏽鋼涼架上的半球形模具中。

覆盆子杏仁塔
Tartelettes à la framboise

· 在每個小杏仁塔內放上一個新鮮的覆盆子 (8)。

· 放入 180°C 的烤箱內，烤 15 分鐘。

· 把冷凍完的覆盆子蛋黃醬從模具中取出，放在不鏽鋼涼架上 (9)，在半球形的表面上覆蓋一層粉色鏡面醬 (10 和 11)。

· 利用沾濕的不鏽鋼抹刀，分別將每個粉色鏡面覆盆子內餡放在烤熟的小杏仁塔上 (12)，注意每放一個粉色鏡面覆盆子內餡，抹刀就要蘸一下水，避免沾黏。

· 最後用水晶玫瑰花瓣碎片裝飾即可。

8 在每個小杏仁塔內放一個新鮮的覆盆子，放入 180°C 的烤箱，烤 15 分鐘。

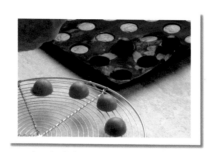

9 把冷凍好覆盆子蛋黃醬從模具中取出後，放不鏽鋼涼架上。

10 用小湯匙在半球形覆盆子蛋黃醬上淋一層粉色鏡面醬。

11 將所有冷凍覆盆子蛋黃醬都裹上粉色鏡面醬。

12 將粉色鏡面覆盆子內餡，放在烤熟的小杏仁塔上。

小萊姆塔

Tartelettes au citron vert

· 把檸檬汁、萊姆汁和砂糖倒入鍋中，以小火加熱 (1)。

· 加入全蛋和蛋黃 (2)，用打蛋器持續攪拌至滾。

· 加入瀝乾的吉利丁片和切成小塊的奶油 (3)。

· 攪拌均勻後過細篩網。

· 然後，將其倒入一個較深的容器內，用食物調理棒攪拌 1 分鐘，攪至萊姆蛋黃醬充滿氣泡且質地潤滑 (4)。放入冰箱冷藏 1 小時。

· 之後，裝入帶有花嘴的擠花袋中，把萊姆內餡擠在烤熟的甜沙布蕾小塔皮底中 (5)。

· 把小萊姆塔放入冰箱冷凍 1 小時。

· 參考第 106 頁做出水果鏡面醬，然後在裡面加入 2 滴食用綠色素，待其變涼後刷在冷凍的小萊姆塔表面，撒上萊姆皮細末作裝飾即完成。

數量：25 個
準備時間：45 分鐘
放置時間：2 小時

重點工具
擠花袋 1 個
中號平頭圓口花嘴 1 個
細篩網 1 個

材料
烤熟的甜沙布蕾小塔皮底 25 個
（參考第 110 頁）

萊姆內餡
吉利丁片 3g
檸檬汁 150ml
萊姆汁 50ml
砂糖 60g
蛋黃 3 個
蛋 1 個
奶油（室溫回軟）75g
水果鏡面醬適量（參考第 106 頁）
萊姆皮細末少許

食用綠色素 2 滴（或 1 滴食用黃色素＋1 滴食用藍色素）

1 把檸檬汁、萊姆汁和砂糖一起倒入鍋中，以小火加熱。

2 加入全蛋和蛋黃，同時用打蛋器不停攪拌。

3 加入瀝乾的吉利丁片和切成小塊的奶油。

4 用食物調理棒攪拌，攪至萊姆蛋黃醬充滿氣泡且質地潤滑。

5 把萊姆內餡擠在烤熟的甜沙布蕾小塔皮底中。

焦糖堅果塔

Tartelettes au caramel et aux fruits secs

· 將所有堅果切碎 (1)，放入 180°C 的烤箱內，烤 10 分鐘，烘乾。

· 將砂糖直接倒入一個小鍋中，以中火加熱至顏色變成棕紅色 (2)，倒入煮開變溫的淡奶油，同時用木鏟攪拌 (3)。

· 離火，加入蜂蜜和奶油，輕輕攪拌。

· 當焦糖液體變得細膩潤滑時 (4)，加入放涼的堅果碎 (5)。

· 慢慢攪拌，使焦糖包裹住堅果碎，避免堅果碎浮在焦糖液體表面 (6)。

· 將放在小塔模具裡的甜沙布蕾小塔皮底，放入 200°C 的烤箱內烤 7 分鐘，然後取出放涼。最後，把焦糖堅果碎裝入烤熟的甜沙布蕾小塔皮底內即可 (7 和 8)。

數量：30 個
準備時間：45 分鐘
烹調時間：7 分鐘

重點工具
小塔模具 1 個

材料
未烘烤的甜沙布蕾小塔皮底 30 個
（參考第 110 頁）
杏仁（烘焙過）50g
松子（烘焙過）15g
榛果（烘焙過）15g
開心果 15g
砂糖 160g

淡奶油 50g
冷杉蜂蜜 60g（建議選用
亞爾薩斯冷杉蜂蜜）
奶油 35g

1　用大刀將所有堅果切碎。

2　將砂糖熬成焦糖。

3　停止加熱，倒入煮開變溫的淡
　　奶油，在稀釋焦糖的同時用木
　　鏟攪拌，並避免濺出！

4　離火後加入蜂蜜和奶油，輕輕
　　攪拌，直到焦糖液體變得細膩
　　潤滑。

5　加入堅果碎。

6　慢慢地攪拌，使焦糖包裹住堅
　　果碎。

7　用一把小湯匙，將適量焦糖堅
　　果碎裝入烤熟的甜沙布蕾小塔
　　皮底內。

8　圖為裝好焦糖堅果碎的焦糖乾
　　果塔。

柳丁杏仁塔
Tartelettes à l'orange

· 建議提前一晚製作糖漬柳丁（這樣可以把柳丁的味道更好的散發出來）。

· 柳丁切成 2 公釐厚的片 (1)。

· 把水和砂糖倒入鍋中 (2)，煮開後放入柳丁片 (3) 浸泡，然後關火。待放涼後放入冰箱冷藏一晚。

· 第二天，製作 25 個小杏仁塔皮（參考第 114 頁）。

· 把黑巧克力切成小塊，在每個小杏仁塔皮裡放幾塊 (4)。

· 然後，放入 180°C 的烤箱內，烤 15 分鐘。烤熟取出後，灑適量君度橙酒。

· 把糖漬柳丁撈出，瀝乾水分，保留 3 ～ 4 片用來裝飾，其餘的剁成碎末 (5)。

· 在每個烤熟的小杏仁塔表面，放滿糖漬柳丁末 (6)，使柳丁末滿到呈現拱形 (7)。

· 把柳丁杏仁塔放入冰箱冷凍 15 分鐘。然後，輕輕刷上一層即將凝固的水果鏡面醬 (8)。

· 把之前預留的糖漬柳丁片切成三角形，分別放在每個柳丁杏仁塔上作裝飾。

Advice

· 可以用橘子來代替柳丁。

數量：25 個
準備時間：45 分鐘
烹調時間：15 分鐘
放置時間：15 分鐘

重點工具
刷子 1 把

材料
未烘烤的小杏仁塔 25 個（參考第 114 頁）
黑巧克力 50g
君度橙酒少許
水果鏡面醬適量（參考第 106 頁）

糖漬柳丁
柳丁 3 個
水 300ml
砂糖 150g

1 用一把鋒利的刀子，將柳丁切成薄片。

2 把水和砂糖倒入鍋中煮開。

3 將柳丁片浸在糖水中。

4 把黑巧克力切小塊，在每個小杏仁塔裡放幾塊。

5 把糖漬柳丁撈出，瀝乾水分（保留 3 片用於裝飾），剁成碎末。

6 在每個烤熟的小杏仁塔上，放滿糖漬柳丁末。

7 使糖漬柳丁末堆成小尖塔。

8 在柳丁杏仁塔表面，輕輕刷一層即將凝固的水果鏡面醬。

咖啡巧克力塔
Tartelettes chocolat-café

製作巧克力醬

· 用刀、攪拌機或食物調理棒將黑巧克力切碎。

· 將淡奶油和水一起倒入鍋中，快速煮滾後離火，加入即溶咖啡 (1)，用橡皮刮刀攪拌均勻。

· 然後將一部分熱咖啡奶油倒入黑巧克力碎中 (2)，稍等片刻：讓熱咖啡奶油把黑巧克力碎融化。

· 用刮刀攪拌 (3)，加入剩餘的熱咖啡奶油 (4)，攪拌均勻。最後，加入奶油塊 (5)，繼續攪拌至巧克力醬的質地潤滑，攪拌時須注意避免氣泡進入巧克力 (6)。

製作塔底

· 以 180℃ 預熱烤箱。將甜沙布蕾小塔皮從冰箱取出，放在撒有薄薄麵粉的桌上，擀成 2 公釐厚的薄片。再用直徑 6 公分的圓形餅乾模在麵片上割下圓形小麵片，然後放入小塔模具內，壓實。

· 放入烤箱，烤 8 ～ 10 分鐘，隨時注意烤箱內的狀況。把烤熟的塔皮放在不鏽鋼涼架上冷卻。

組合裝飾

· 在無花嘴的擠花袋中裝入巧克力醬，並將巧克力擠在放涼的甜沙布蕾小塔皮底 (7)。

· 在陰涼處放置 20 分鐘，讓巧克力醬凝固。輕輕攪拌在常溫下變硬的巧克力醬，如果凝固得太硬，可隔水略微加熱。最後將巧克力醬裝入帶細紋鋸齒花嘴的擠花袋中，在咖啡巧克力塔表面擠出小螺旋花作裝飾。

Advice

· 裝飾可自由發揮！這種咖啡巧克力塔可冷藏 2 ～ 3 天。

數量：25 個
準備時間：25 分鐘
烹調時間：10 分鐘
放置時間：20 分鐘

重點工具
擠花袋 1 個
細紋鋸齒花嘴 1 個
圓形餅乾模 1 個
小塔模具 1 個

材料
未烘烤的甜沙布蕾小塔皮底 25 個
（參考第 110 頁）

巧克力醬
黑巧克力（含 70% 可可）200g
淡奶油 200g
水 1 大匙
雀巢即溶咖啡 1 小匙
奶油（室溫回軟）30g

1　當鍋中淡奶油和水煮開後離火，加入即溶咖啡。

2　將一部分熱咖啡奶油倒入黑巧克力碎中。

3　用刮刀輕輕攪拌。

4　加入剩餘的熱咖啡奶油。

5　加入奶油塊。

6　繼續輕輕攪拌，避免巧克力醬裡進入氣泡。

7　在沒有花嘴的擠花袋中裝入巧克力醬，並將巧克力醬擠在放涼的甜沙布蕾塔皮底內。

迷你蘋果塔
Mini-Tatin

· 參照第 110 頁的步驟，製作脆甜沙布蕾塔皮。

· 烤箱預熱 180 °C。

· 蘋果去皮，切成小丁 (1)，放入烤盤內。

· 將砂糖倒入一個銅鍋（或不鏽鋼鍋）中，大火直接加熱 (2)。待顏色變成焦糖色 (3)：即顏色為淡棕色時，加入水（建議用溫水，水與糖的融合會更好）(4)。然後加入 25g 奶油 (5)，用木勺拌勻。

數量：約 25 個迷你蘋果塔
準備時間：30 分鐘
烹調時間：35 分鐘
靜置時間：1 小時

重點工具
小蛋糕模具
刷子 1 把

材料
脆甜沙布蕾小塔皮 250g（參考第 116 頁）
水果鏡面醬（參考第 106 頁）

黃蘋果 500g
史密斯老奶奶蘋果（澳洲青蘋果）150g
砂糖 200g
水 50ml
奶油 55g

1 用刀將蘋果去皮、去核，切成
小丁。

2 將砂糖倒入鍋中，加熱融化。

3 直到糖的顏色變為淡棕色。

4 加入溫水。

5 再加入奶油，用木勺攪拌。

迷你蘋果塔
Mini-Tatin

- 把焦糖倒入蘋果丁中 (6)，蓋上一層錫箔紙 (7)。

- 放入烤箱烤 30 分鐘，注意隨時觀察烤箱內的狀況。時間到了，拿掉錫箔紙，再烤 5 分鐘，讓裡面的水分揮發一些 (8)。

- 待焦糖蘋果放涼後，裝入小蛋糕模具中 (9)。收入冰箱冷凍 1 小時。

- 利用這段時間，將 30g 奶油融化。取刷子將融化後的溫熱奶油刷在烤好的塔皮表面，塔皮才不會太快變軟 (10)。

- 從冰箱取出焦糖蘋果，脫模後平放在不鏽鋼涼架上，在焦糖蘋果表面刷上一層即將凝固的水果鏡面醬（這種狀態的鏡面醬不會流動過快）(11)。

- 最後，利用抹刀把每個半球形的焦糖蘋果分別放在每一塊脆甜沙布蕾塔皮上 (12)。

6 把焦糖倒入蘋果丁中。

7 表面蓋上一層錫箔紙。

8 放入 180 ℃ 的烤箱內，烤 30 分鐘。圖為烤好的樣子。

9 將烤好的焦糖蘋果小心地裝入小蛋糕模具中。

10 用刷子將融化後的奶油刷在烤熟的脆甜沙布蕾塔皮表面。

11 在脫模後的焦糖蘋果表面刷一層水果鏡面醬。

12 利用抹刀把每個半球形的焦糖蘋果分別放在每塊脆甜沙布蕾塔皮上。

加勒比巧克力塔

Sablés Caraïbes

- 製作脆甜沙布蕾麵團。烤箱預熱至 180°C。

- 用圓形花邊餅乾切割器在可可脆甜沙布蕾麵片上,割出直徑 6 公分的花邊圓片,作為塔皮,然後排放在鋪有烘焙紙或矽膠墊的烤盤上,放入烤箱內,烤十幾分鐘。

- 將巧克力和奶油一起放入鍋中,加熱到 40°C 融化。

- 取一個大一點的容器,放入蛋白與砂糖,一起打至硬性發泡的蛋白霜 (1)。然後加入檸檬皮碎 (2) 和蛋黃 (3)。

- 用勺子輕輕翻拌 (4),注意不要破壞蛋白氣泡。

- 再加入融化的奶油巧克力 (5),朝中央翻拌,同時慢慢轉動容器,直到所有材料混合均勻 (6),製成巧克力慕斯。

- 將慕斯裝入擠花袋,擠入小蛋糕模具裡 (7),輕敲模具,使巧克力慕斯表面平滑。再放入冰箱冷凍至少 2 小時。

- 從冰箱取出後,倒扣脫模平放在不鏽鋼涼架上 (8)。待可可鏡面醬即將變涼,用湯匙將鏡面澆在巧克力慕斯表面 (9)。

- 然後將它放在烤熟的可可脆甜沙布蕾塔皮上面。

- 最後,用刀在巧克力板上刮出碎片,在加勒比巧克力塔裝飾一圈。

數量：25 個
準備時間：30 分鐘
烹調時間：10 分鐘
放置時間：2 小時

重點工具
直徑 6 公分圓形花邊餅乾切割器 1 個
擠花袋 1 個
平頭圓口花嘴 1 個
小蛋糕模具
電動打蛋器 1 支

材料
脆甜沙布蕾塔皮 250g
（參考第 116 頁）＋可可粉
（10% 麵粉的重量）

巧克力慕斯
法芙娜的加勒比（Caraïbe Valrhona）巧克力 100g
奶油 20g
蛋白 3 個
砂糖 50g
檸檬 1 個
蛋黃 2 個

裝飾
可可鏡面醬 400g
（參考第 109 頁）
黑巧克力板（刨花）1 塊

1 用電動打蛋器將蛋白和砂糖一起打發。

2 然後加入檸檬皮碎。

3 再加入蛋黃。

4 用勺子從下到上輕輕翻拌。

5 再加入融化的奶油巧克力。

6 將所有材料混合均勻，避免破壞蛋白氣泡，做出來的就是巧克力慕斯。

7 將巧克力慕斯裝入擠花袋，擠入小蛋糕模具裡。

8 當巧克力慕斯冷凍好後，脫模放在不鏽鋼涼架上。

9 待可可鏡面醬即將變涼，用小湯匙舀取，並澆在巧克力慕斯表面。

黑森林塔
Forêts-noires

製作脆甜沙布蕾塔皮

· 烤箱預熱至 180℃。

· 利用圓形花邊餅乾切割器,在可可脆甜沙酥麵片上切割出直徑 6 公分的花邊圓片,作為塔皮,然後將塔皮排放在鋪有烘焙紙或矽膠墊的烤盤上,放入烤箱,烤 10 分鐘左右。

· 牛奶巧克力隔水加熱到半融化。

製作英式奶油醬

· 將牛奶倒入一個小鍋中煮開。

· 取一個小盆,將砂糖和蛋黃混合 (1),打至發白 (2)。

· 將煮開的牛奶慢慢倒入蛋液裡 (3),一邊攪拌。然後將混合液倒回鍋中,小火加熱,同時不停地攪拌。當溫度上升至 82 ℃(4) 時,一點一點慢慢倒入半融化的牛奶巧克力裡(5)。用鏟子攪拌 (6),並且留意溫度,降到 40 ～ 45 ℃ 即可。

數量：約 40 個

準備時間：30 分鐘

烹調時間：10 分鐘

重點工具

直徑 6 公分花邊圓形餅乾

切割器 1 個

擠花袋 1 個

中號平頭圓口花嘴 1 個

溫度計 1 支

材料

脆甜沙布蕾塔皮 250g（參考第 116 頁）＋可可粉（10% 麵粉的重量）

法芙娜的吉瓦納（Jivara Valrhona）牛奶巧克力 275g

英式奶油醬

新鮮全脂牛奶 120ml

砂糖 10g

蛋黃 1 個

鮮奶油 225g

櫻桃 150g

1 在一個小盆中，將砂糖和蛋黃混合。

2 將蛋液打至發白。

3 一點一點將煮開的牛奶倒入蛋液中，同時不停地攪拌。

4 以小火慢慢加熱至溫度上升到 82℃。

5 把英式奶油醬一點一點倒入半融化的牛奶巧克力裡，直到溫度達 50℃。

6 用鏟子將英式巧克力奶油攪拌均勻。

黑森林塔
Forêts-noires

· 然後，在巧克力奶油醬中加入一部分鮮奶油（即打發的奶油）(7)，用鏟子輕輕拌勻，再加入剩餘的鮮奶油 (8)，再次拌勻。

· 圖為拌好的巧克力奶油醬慕斯 (9)。放入冰箱冷藏 30 分鐘，直到慕斯變濃稠。

· 將慕斯裝入帶花嘴的擠花袋中，擠在烤好且放涼的可可脆甜沙布蕾塔皮上，再放上 3 顆櫻桃 (10)。

· 上面再擠一點巧克力奶油慕斯 (11)，然後取另一塊可可脆甜沙布蕾塔皮輕輕蓋上 (12)。

· 最後，頂部中心再擠一點巧克力奶油醬慕斯，上面放顆櫻桃當裝飾 (13)。

7 分 2 次將鮮奶油加入英式巧克力奶油醬中。

8 用鏟子輕輕拌勻。

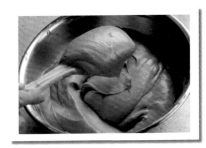

9 圖為做好的巧克力奶油慕斯。

10 將英式巧克力奶油醬慕斯裝入帶花嘴的擠花袋中,擠在可可脆甜沙布蕾塔皮上,再放 3 顆櫻桃。

11 上面再擠一點巧克力奶油醬慕斯。

12 輕輕蓋上一塊可可脆甜沙布蕾塔皮。

13 最後,頂部中心再擠一點巧克力奶油慕斯,上面放顆櫻桃作裝飾。

開心果小蛋糕
Moelleux pistache

- 烤箱預熱至 180°C。

- 將糖粉和杏仁粉一起倒入食物調理機中拌勻 (1)。

- 把奶油放入鍋中，小火加熱至融化，保溫 (2)。

- 把開心果仁醬也倒入食物調理機中 (3)，再打開食物調理機，同時將蛋一個個倒入 (4)：打到麵糊變光滑。

- 最後，倒入融化的奶油 (5)，攪拌幾秒鐘即可。

- 將做好的開心果麵糊裝入帶花嘴的擠花袋中，將麵糊擠入每個小蛋糕模具裡，每個約 ¾ 滿 (6)。

- 每個開心果麵糊表面放一個覆盆子 (7)，同時輕輕往下按。

- 你也可以將開心果仁切碎，撒在模具中的開心果麵糊表面 (8 和 9)；或是使用其他新鮮水果，如櫻桃、紅葡萄等。

- 放入烤箱，烤 12 分鐘。

Advice

- 開心果仁醬可用能多益（Nutella）這個牌子的花生醬或栗子醬代替。

- 若能使用能多益的醬，最後就不需要放開心果仁碎了。

數量:約 20 個
準備時間:20 分鐘
烹調時間:12 分鐘

重點工具
小蛋糕模具(FLEXIPAN)
擠花袋 1 個
中號平頭圓口花嘴 1 個
食物調理機 1 台

材料
糖粉 125g
杏仁粉 165g
奶油 125g
開心果仁醬 20g
蛋 4 個
覆盆子 125g
整粒開心果仁 100g

1 將糖粉和杏仁粉倒入食物調理機中攪碎。

2 把奶油放入鍋中,小火加熱至融化。

3 把開心果仁醬也倒入食物調理機中,與糖粉、杏仁粉一起攪拌均勻。

4 同時,將蛋一個個加入。

5 最後倒入融化的奶油。

6 將做好的開心果麵糊裝入擠花袋中,擠入每個小蛋糕模具裡至 ¾ 滿。

7 每個開心果麵糊表面放一個覆盆子。

8 將開心果仁放在砧板上,用刀切碎。

9 將開心果仁碎撒在麵糊表面。放入 180℃ 的烤箱中,烤 12 分鐘。

甜酥皮泡芙

Choux tricotés

準備製作泡芙甜酥麵皮

- 用打蛋器將回溫後的奶油打成膏狀 (1)，然後加入紅砂糖 (2)，續拌，再放入麵粉 (3)，拌勻 (4) 成甜酥麵團。根據你所選用的食用色素種類，將甜酥麵團分成 3 ～ 4 份，每份加入一點食用色素，拌勻 (5 和 6)。

- 然後分別將每份麵團放在 2 張烘焙紙之間 (7)，擀成 2 ～ 3 公釐厚的麵片 (8)，放入冰箱冷凍。

- 烤箱預熱至 200°C。

數量：6 人份
準備時間：1 小時
烹調時間：15 ～ 20 分鐘

重點工具
溫度計 1 支
擠花袋 1 個
平頭圓口花嘴 1 個
小的半球型模具

材料
泡芙麵團（參考第 152 頁）

卡士達醬
砂糖 120g
玉米粉 50g
蛋黃 120g
全脂牛奶 500ml（重要！）
奶油 50g
香精（紫羅蘭、玫瑰、香草…）

翻糖鏡面醬
白色翻糖 250g
水 50ml
食用色素少許

1 砂糖和玉米粉混合，加入蛋黃，攪拌。

2 充分打至蛋液發白。

3 然後加入熱牛奶，攪拌。

4 將它放在火上加熱，同時不停地攪拌。

5 把做好的卡士達醬倒在鋪好保鮮膜的盤子上。

6 完全包裹好。

翻糖泡芙

Choux fondants

· 烤箱預熱至 180°C。

· 按照第 154 頁步驟 9 ～ 13 的過程,製作泡芙麵團。

· 擠好泡芙麵團球,放入 180°C 的無風烤箱內,烤 25 分鐘(特別注意在烘烤期間不要打開烤箱門,否則會影響泡芙膨脹)。

· 泡芙烤好後,放在不鏽鋼涼架上冷卻。

· 從冰箱取出卡士達醬,拌勻,裝入帶花嘴的擠花袋中。在每個泡芙底部戳個小孔,把卡士達醬擠入泡芙內。

製作翻糖鏡面醬及收尾

· 將白色翻糖與水一起放入鍋中 (7),加熱至 35°C (8)。

· 然後加入食用色素 (9),用木勺拌勻 (10) 後,將泡芙的頭部浸入 (11 和 12) 翻糖中,沾勻。凝固後,即可食用!

· 你也可以倒一點翻糖鏡面醬在半球形模具內 (13 和 14),再放入泡芙,放進冰箱,冷凍 2 小時,然後脫模即可。

Advice

· 可選用不同顏色的食用色素製作翻糖鏡面醬,不需猶豫。

7 　將白色翻糖與水一起放入鍋中
加熱。

8 　加熱到溫度升至 35°C。

9 　加入食用色素。

10 　攪拌均勻。

11 　將泡芙的頭部浸入帶顏色的翻
糖裡。

12 　把翻糖抹勻、抹平。

13 　也可以倒一點翻糖鏡面醬在半
球形模具內。

14 　再將泡芙放入模具裡。

草莓費南雪（草莓金磚
Financiers fraise

· 將奶油放在一個小鍋內，大火加熱融化，直到些微上色（淺棕色），有些焦香味 (1)。離火，把融化的奶油過濾 (2) 到一個碗中，放涼。烤箱預熱至 180 ℃。

· 將杏仁粉、榛果粉、糖粉和麵粉倒入一個攪拌碗中 (3)。

· 用小刀把香草豆莢剖開，刮下裡面的籽 (4)。

· 把香草籽放入之前混合的麵粉裡 (5)。

· 加入蛋白和杏桃的果肉 (6)，用鏟子攪拌均勻。

· 加入融化後的溫奶油 (7)，輕輕攪拌，直到和成潤滑均勻的麵糊 (8)。

· 倒入艇狀的模具內，在中間放入 ¼ 個草莓 (9)。

· 送入烤箱，烤十幾分鐘。

· 待費南雪烤熟後，從烤箱取出，在表面撒上適量香草糖即可。

數量：約 20 個
準備時間：15 分鐘
烹調時間：10 分鐘

重點工具
小艇模具

材料
奶油 150g
杏仁粉 70g
榛果粉 30g
糖粉 170g
麵粉 50g
香草豆莢 1 根
蛋白 150g（大約 5 個蛋白）
杏桃果肉 20g
草莓 100g
香草糖 50g

1 大火加熱融化奶油，直到有些焦香味。

2 用細篩網將融化的奶油裡的渣滓過濾掉。

3 將杏仁粉、榛果粉、糖粉和麵粉等粉類材料倒入一個盆中。

4 用小刀把香草豆莢剖開，刮下裡面的籽。

5 將香草籽放入之前混合好的麵粉中。

6 然後加入蛋白和杏桃果肉。

7 再加入溫奶油，用鏟子攪拌。

8 圖為做好的麵糊，光滑漂亮。

9 將麵團倒入小艇模具內，中間放一小塊草莓。送入 180℃ 的烤箱內，烤 10 分鐘。

無花果蛋捲

Roulés aux figues

· 在前一天先做好甜沙布蕾麵團，加入 ½ 個檸檬的檸檬皮碎。用保鮮膜包好，冷藏。

· 在食物調理機內放入無花果乾 (1)，打碎。攪拌過程中，分次加入淡奶油 (2)，直到奶油和無花果混合均勻，打成醬。

· 把甜沙布蕾麵團放在工作檯上，先用擀麵棍壓扁 (3)。這樣擀起來比較容易，也可以減少破損的機率。

· 在工作檯上撒些薄薄的麵粉，把甜沙布蕾麵團擀成約 3 公釐厚的麵片 (4)。

· 在甜沙布蕾麵片表面撒些薄麵，然後將麵片捲到擀麵棍上 (5)。

· 將它移到烘焙紙上展開 (6)。取一把大刀把甜沙布蕾麵片的 4 個邊緣切掉 (7)。放入冰箱冷凍幾分鐘。

數量：40 個（切成塊）
準備時間：30 分鐘
烹調時間：10 分鐘
靜置時間：1 小時

重點工具
食物調理機 1 台
抹刀 1 把
烘焙紙

材料
甜沙布蕾小塔皮底 300g（參考第 110 頁）
檸檬 ½ 個
無花果乾 200g
淡奶油（含脂量 30%）120g

1 在食物調理機內放入無花果乾，打碎。

2 分次加入淡奶油。

3 用擀麵棍將前一天做好的甜沙布蕾麵團壓扁。

4 在工作檯上撒一層薄麵粉，把甜沙布蕾麵團擀成約 3 公釐厚的麵片。

5 把甜沙布蕾麵片小心地捲在擀麵棍上。

6 將麵片挪到烘焙紙上展開。

7 把甜沙布蕾麵片的 4 個邊緣切掉，裁成長方形。

無花果蛋捲
Roulés aux figues

· 用抹刀把奶油無花果醬均勻地抹在麵片上 (8)，然後用烘焙紙把麵片捲起來，像樹的年輪一樣，注意一開始就要捲緊 (9 和 10)。

· 再用抹刀或塑膠尺推動麵捲，讓它捲得更緊 (11)，直到捲成的蛋捲皮粗細一致。

· 放入冰箱冷藏至少 1 小時，讓麵捲變硬實。

· 烤箱預熱至 180°C。

· 把冷藏後的無花果麵捲切成 5 公釐厚的麵片 (12)，排放在鋪有烘焙紙或矽膠墊的烤盤上 (13)。

· 送入烤箱內，烤 10 幾分鐘即可。

Advice

· 最好使用耐高溫矽膠墊，做出來的無花果蛋捲不會黏在烤盤上。

8 用抹刀把奶油無花果醬均勻抹在麵片上。

9 利用烘焙紙把麵片捲起來。

10 注意麵片要捲緊。

11 再用抹刀推動麵捲,讓它捲得更緊。然後放入冰箱冷藏至少1小時。

12 把麵捲切成 5 公釐厚的麵片。

13 將切好的麵片排放在鋪有烘焙紙的烤盤上。送入 180°C 的烤箱內,烤 10 分鐘。

165

梨味可麗露
Cannelés aux poires

· 將牛奶倒入小鍋中煮開，加入香草豆莢與香草籽，靜置 5 分鐘。建議將整根香草豆莢放在工作檯上，取小刀縱向將豆莢對半剖開，再用刀尖把裡面的籽刮下來 (1)。

· 把奶油放入夾層鍋中，隔水加熱，攪拌奶油直到成為軟膏狀 (2)，即可離火。加入砂糖 (3)、蛋黃 (4)、全蛋、麵粉和鹽，最後倒入梨酒 (5)。

· 不要攪打，拌勻即可。

· 然後倒入煮熱的香草牛奶 (6)，用打蛋器輕輕攪拌 (7) 成麵糊。

· 放入冰箱冷藏，靜置至少 12 小時以上。

· 烤箱預熱至 220°C。

· 準備模具，你可以在可麗露模具裡刷上一層奶油，也可以不刷。

· 把麵糊倒入模具裡，至⅔滿。

· 入烤箱烤 30 ～ 35 分鐘。

· 烘烤好後，趁熱脫模，常溫食用即可。

數量：約 25 個
準備時間：15 分鐘
靜置時間：12 小時
烹調時間：30 分鐘

重點工具
可麗露模具

材料
牛奶 250g
香草豆莢 ½ 根
奶油（室溫回軟）25g
砂糖 125g
蛋黃 1 個
蛋 1 個
威廉姆斯梨酒 25g
麵粉 60g
鹽 1 撮

1　用小刀將香草豆莢縱向劈開，再用刀尖把裡面的籽刮下來。

2　把回溫後的奶油放入一個盆中，攪拌成軟膏狀。

3　加入砂糖。

4　加入蛋。

5　加入麵粉、鹽和梨酒。每加入一種材料，攪拌均勻後再加入另一種材料。

6　然後倒入熱香草牛奶。

7　用打蛋器輕輕攪拌。

小方塊乳酪蛋糕
Cheesecakes carrés

製作餅皮及麵團

- 烤箱預熱至 180°C。

- 將所有餅皮麵團所需材料一起放入食物調理機中 (1)，時間要長一點才能把材料攪碎，和成均勻的麵團 (2)。

- 把不鏽鋼模具放在鋪有烘焙紙 (3) 或矽膠墊的烤盤上，模具裡放入麵團。再用抹刀把麵團表面抹平 (4)。

數量：25 個
準備時間：1 小時
烹調時間：30 分鐘

重點工具
16×23 公分的不鏽鋼方圈模具 1 個
食物調理機 1 台
不鏽鋼抹刀 1 把

材料
餅皮麵團
露依閒趣餅乾（TUC de Lu）100g
奶油（室溫回軟）75g
砂糖 50g
麵粉 25g
水 1 小匙

乳酪蛋糕
費城奶油乳酪（Philadelphia Cream Cheese）或吉利（Kiri）或聖莫雷特（Saint Môret）奶油乳酪 320g
奶油（室溫回軟）160g
砂糖 160g
蛋黃 4 個

香草奶油醬
吉利（Kiri）奶油乳酪 4 塊
香草豆莢 1 根
淡奶油 150g
糖粉 20g
櫻桃 125g

1 將所有餅皮麵團所需材料一起放入食物調理機中打碎。

2 圖為做好的餅皮麵團：質細且均勻。

3 把不鏽鋼方圈模具放在鋪有烘焙紙的烤盤上，然後在模具裡放入麵團。

4 用抹刀把麵團表面抹平。

小方塊乳酪蛋糕
Cheesecakes carrés

製作乳酪蛋糕

· 將奶油乳酪和回軟後的奶油倒入攪拌碗中 (5)，加入砂糖和蛋 (6)。用打蛋器充分攪拌，直到所有材料混合均勻，質細而滑 (7)。

· 將做好的乳酪醬倒入不鏽鋼方圈模具裡 (8)。放入烤箱內，烤 30 分鐘。圖為烤好出爐後的樣子 (9)。放涼。

製作香草奶油醬

· 將奶油乳酪放入攪拌碗中，用鏟子拌至質細 (10)，加入香草籽與淡奶油和糖粉一起打發而成的鮮奶油 (11)。輕輕地從下到上翻拌均勻 (12)，避免攪拌過度，破壞了鮮奶油的泡沫。

開始組合

· 把做好的香草奶油醬倒在烤好的乳酪蛋糕表面，用抹刀抹平 (13)。

· 最後，把不鏽鋼方圈拿掉，用刀將乳酪蛋糕切成小方塊，表面放顆櫻桃作裝飾。

5　將奶油乳酪和回軟後的奶油倒
　入攪拌碗中。

6　加入砂糖和蛋。

7　用打蛋器充分攪拌，直到所有
　材料混合均勻，質細且滑。

8　把雞蛋奶油乳酪醬倒入不鏽鋼
　方圈模具裡的餅皮麵團上。

9　放入 180℃ 的烤箱內，烤 30
　分鐘。圖為烤好後的樣子。

10　用鏟子將吉利奶油乳酪攪拌至
　　均勻。

11　加入香草籽與奶油和糖粉一起
　　打發而成的鮮奶油。

12　輕輕地從下到上翻拌均勻，避
　　免攪拌過度，破壞了鮮奶油的
　　泡沫。

13　把香草奶油醬倒在烤好的乳酪
　　蛋糕表面，用抹刀抹平。

椰蓉小蛋糕
Congolais

· 烤箱預熱至 220 °C。

· 將椰子粉和砂糖一起放入一個容器內 (1)，然後倒入蛋白 (2) 和蘋果泥 (3)。
  先用鏟子攪拌 (4) 後，再用手和勻 (5)。

· 將混合物放在 50°C 的水中隔水加熱 10 分鐘，同時用鏟子攪拌均勻，至
  材料黏在一起。

· 在烤盤上鋪一層烘焙紙或矽膠
  墊。把混合好的蘋果椰蓉裝入無
  花嘴的擠花袋中，擠在烤盤上，
  擠成許多小堆 (6)。

· 變涼後，雙手打濕，先將蘋果椰
  蓉揉成小球 (7)，再將一頭搓尖，
  使整體表面光滑，呈錐形 (8)。

· 將烤盤放入 220°C 的烤箱內，烤
  6 ～ 7 分鐘。烤 3 分鐘後，將烤
  盤掉頭，顏色才會烤得均勻。

Advice

· 市場上賣的椰子粉種類有很多，
  如果這個牌子的椰子粉無法黏成
  團，下次就換個牌子買。

· 為了讓烤出來的成品更漂亮，最
  好是用耐熱矽膠墊，即使不在上
  面抹油，也不會沾黏。

數量：約 25 個
準備時間：10 分鐘
烹調時間：6 ～ 7 分鐘

重點工具
溫度計 1 支
擠花袋 1 個

材料
椰子粉 100g
砂糖 90g
蛋白 40g
蘋果泥 10g

1 將椰子粉和砂糖一起放入攪拌碗內。

2 然後，倒入蛋白。

3 再加入蘋果泥。

4 先用鏟子攪拌所有材料。

5 再用手和勻後，隔水加熱。

6 把混合好的蘋果椰蓉裝入擠花袋中，在烤盤上，整齊擠出許多小堆。

7 冷卻後，雙手打濕，將蘋果椰蓉揉成小球。

8 然後將一頭拉長，搓出一個尖頭，表面光滑，呈錐形。

栗子小蛋糕
Monts-blancs

· 參照第 110 頁的步驟做出脆甜沙布蕾圓形小麵片，烤好後，放涼備用 (1)。

· 將淡奶油倒入攪拌碗或不鏽鋼盆中，收進冰箱冷藏。

· 將軟化後的奶油放入攪拌機內，中速攪拌 (2)，直到奶油內部充滿大量空氣而膨脹。

· 然後，分次加入栗子醬 (3 和 4)。（注意，栗子醬千萬不要放入冰箱冷藏，否則奶油會變硬，混合的材料會分離）。把奶油從冰箱取出，先慢速攪拌，再逐漸轉變成快速攪拌。

· 打至發泡，當體積膨脹至之前的 2 倍，舉起打蛋器上面的蛋白不會滴下，即可停止攪拌。將蛋白裝入帶有中號花嘴的擠花袋中，平均擠在每個烤好的脆甜沙布蕾圓形小麵皮上，呈錐形 (5)，像白色的山峰（你也可以先在烤好的脆甜沙布蕾小圓形麵皮表面抹上一層融化的奶油，做好防潮處理後，再擠上鮮奶油）。

· 將適量栗子醬和黑蘭姆放入一個容器內，攪拌均勻 (6)。

· 把混合物裝入帶細口花嘴的擠花袋中。把小蛋糕放在一根木條上，再把蘭姆酒栗子醬來回擠在鮮奶油上面 (7)，直到栗子醬將鮮奶油完全覆蓋住。

· 利用一個圓形餅乾切割器，沾些糖粉（避免與蘭姆酒栗子醬沾黏），放在每個勃朗峰栗子小蛋糕上，切除周圍多餘的蘭姆酒栗子醬 (8)。最後，在表面撒些糖粉即可。

數量：20 個
準備時間：45 分鐘

重點工具
擠花袋 2 個
中號平頭圓口花嘴 1 個
嘴很細的平頭圓口花嘴 1 個
圓形餅乾模 1 個
木條 1 根

材料
脆甜沙布蕾圓形小麵片 20 個（參考第 110 頁）
淡奶油 200g
奶油（軟化）40g
栗子醬 150g
黑蘭姆 1 小匙
糖粉 50g

1　將脆甜沙布蕾圓形小麵片烤熟後，放涼備用。

2　將油膏狀的奶油糊放入攪拌機內，以中速攪拌。

3　然後加入栗子醬。

4　注意要分次加入栗子醬。

5　將打發的鮮奶油擠在每個烤好的脆甜沙布蕾小圓形麵皮上，呈錐形。

6　將栗子醬和黑蘭姆，放入容器中攪拌均勻。

7　把蘭姆酒栗子醬擠在鮮奶油上面，作為裝飾。

8　用圓形餅乾模切除每個栗子小蛋糕周圍多餘的蘭姆酒栗子醬，再撒上糖粉即成。

PART

3

糕點裝飾品

製作巧克力產品

大家知道在甜點中使用的巧克力叫調溫巧克力（couverture），這種巧克力含有大量可可脂，所以在融化後質地非常稀。

這種巧克力在一些特殊商店都可以找到（或在 www.valrhona.fr 網站也可直接購買）。

用於製作裝飾品的巧克力應當表面光亮且乾脆，具有這種特性的巧克力才能做出成功的成品。

以下簡單說明融解巧克力的方式：
首先，將巧克力切成碎塊，放入一個容器內。
再放入大鍋中，以中火隔水加熱，直到巧克力融化，攪拌至質地光滑即可。
用溫度計測試溫度，黑巧克力溫度應為 55°C，牛奶巧克力溫度應為 50°C，白巧克力溫度應為 45°C。
將 ¾ 的融化巧克力倒在大理石砧板上，或放在表面乾燥、冰涼的不鏽鋼板上，用木勺翻轉，使溫度降到 28 ～ 29°C。
然後將巧克力裝入一個常溫下的大碗中，再加入剩餘的 ¼ 熱巧克力。一邊攪拌一邊注意溫度變化，黑巧克力的溫度應該為 31 ～ 32°C，牛奶巧克力和白巧克力的溫度應該為 29 ～ 30°C。
當溫度到達後，不要再繼續加熱巧克力了。
只須注意維持這個溫度，你可以借助溫度計來檢測。
如果巧克力溫度過低，可以將其加熱：最好放入微波爐中進行加熱。
欲知更多詳情，可以參考第 264 頁的溫度曲線圖。

製作糖類產品

以下是製作糖類產品時的一些建議。

鍋具

選用中等大小的鍋,且最好是銅鍋或不鏽鋼鍋,鍋底最好都是厚底,以免糖加熱後,因升溫過快而上色。清潔銅鍋,最好將精鹽和白醋混合成溶劑,擦洗鍋內外。清潔後鍋子會光亮如新,只需再用大量清水沖洗,以乾淨的布擦乾鍋內外即可。

煮糖漿溫度計

糖果師(confiseur)透露了一些關於煮糖漿溫度計的使用常識,煮糖漿溫度計周圍會有金屬外殼保護,其可測試溫度較一般溫度計高,範圍在 80 ～ 200℃。注意!千萬別使用巧克力專用溫度計測量(測量範圍 10 ～ 120℃),因為溫度一高很容易損壞溫度計。除了煮糖漿溫度計,還可以使用電子溫度計,它雖然比較精確,但是價格較貴。

矽膠烤盤墊

矽膠烤盤墊在大型商店或一些超市有售。製作糖類產品時,使用矽膠烤盤墊會非常方便,因為它不易沾黏。

刷子

在煮糖的時候,請使用一把乾淨的刷子,沾上冷水,不時清潔鍋子內壁,避免糖結晶。

基本材料

最好使用小塊白色冰糖,以獲得更純的糖,不要使用砂糖和糖粉。建議使用礦泉水或過濾水,當然也可使用自來水。只可以使用食用色素(在超市可以買到)。

烹製

將糖和水混合,放入鍋中,以中火加熱。刷子沾水,待潮濕後,隨時清潔鍋內壁。當糖漿溫度到達後,停止加熱,立即將鍋子浸泡在冷水中降溫。(注意避免將鍋子長時間浸泡在冷水中,否則糖漿會很快變稠,甚至凝固。)

以下 2 種方法可檢查出煮糖過程中，是否達到所需要求：

使用溫度計，精確掌握糖水溫度，以達到最佳的效果。先將小湯匙放入糖水中，再放入冷水中浸泡。最後用手指觸摸冷水中糖球的軟硬度，來確定糖的狀態。

一旦烹製的焦糖到達目標溫度後，需要保持溫度，因為糖的溫度上升特別快，所以必須特別注意。若讓焦糖超過 180℃，就會出現煙霧、顏色變黑、味道變苦等情形，若出現這些情形焦糖就不能使用了。

烹製過程中糖的狀態名稱	溫度	湯匙測試狀態	應用
糖水（Sirop）	100℃	覆蓋湯匙表面	基礎糖水
糖漿（Nappé）	106℃	手指之間感到黏稠	水果軟糖
小糖球（Petit boulé）	115 ～ 116℃	球體較軟	果醬
糖球（Boulé）	120 ～ 124℃	球體較硬	義大利蛋白霜
大糖球（Grand boulé）	125 ～ 128℃	球體硬實	棉花糖
小脆糖球（Petit cassé）	130 ～ 140℃	球體可碎裂	各種糖果
大脆糖球（Grand cassé）	145 ～ 155℃	球體像玻璃片一樣脆裂	鑄糖、拉糖、拔絲、吹糖等
清澈焦糖（Caramel clair）	155 ～ 160℃	深黃色	焦糖糖衣（水果、法式甜甜圈）
焦糖（Caramel）	165 ～ 175℃	深棕色	焦糖布丁或增加焦糖風味

糖藝飾品保存

如果想將糖藝飾品多保存幾天，可以把它放在一個密封的塑膠盒子內，以減少糖品受潮（潮濕對糖品質影響非常大）。另外，也可以將乾燥劑放在盒子底部，表面蓋上一張烘焙紙（含鹽的產品防潮效果很好）。最後，不要忘了加熱的糖非常燙，所以在製作糖藝飾品時，請戴上隔熱手套保護好手，但須注意，使用的那雙隔熱手套只能用於製作糖藝飾品，不能用於其他場合了。

杏仁膏

杏仁膏的種類非常多,請依據自己的需求,選擇適合的使用。

杏仁膏知識

杏仁膏在一些商店很容易買到。它是將磨碎的杏仁、糖粉和糖一起烹煮,加熱到 117°C 後製作而成,顏色為純白色。

杏仁膏根據材料配比不同有很多種類,杏仁膏 33% 或 22% 多用於製作裝飾品,因為 33% 或 22% 的杏仁膏韌性和可塑性比 55% 好,不過杏仁膏 50% 的口味與口感又比 33% 或 22% 更佳。

不同類型的杏仁膏的材料比例(1000g)
杏仁膏 22%:780g 糖和 220g 杏仁
杏仁膏 33%:670g 糖和 330g 杏仁
杏仁膏 50%:500g 糖和 500g 杏仁
杏仁膏 60%:400g 糖和 600g 杏仁

使用時請注意杏仁膏包裝上的標籤,依據需求使用,避免錯誤使用後產生不良的效果。 如果想改變杏仁膏的品質,可以加一些優質的杏仁粉、幾滴檸檬汁,或是加入半根香 草豆莢籽,效果會更棒!

生杏仁膏

生杏仁膏為淺棕黃色,因為是將杏仁去皮、去雜質,碾碎後再與砂糖或糖粉混合製成, 所以通常較柔軟。與杏仁膏一樣,生杏仁膏根據材料比例的不同,也有多種類型,像 是生杏仁膏 60% 即是指在 1000g 材料中含有 600g 杏仁、400g 糖,這種生杏仁膏通常 用來製作蛋糕。

草莓脆糖片

Chips de fraises

- 以 80°C 預熱烤箱。

- 把蛋白放入一個小容器內，再加入糖粉 (1)。

- 用打蛋器攪拌均勻 (2)，注意不要攪拌過久或太用力（至糖粉均勻融化在蛋白內即可。）

- 草莓去梗，縱向切成 2 ～ 3 公釐的薄片 (3)。

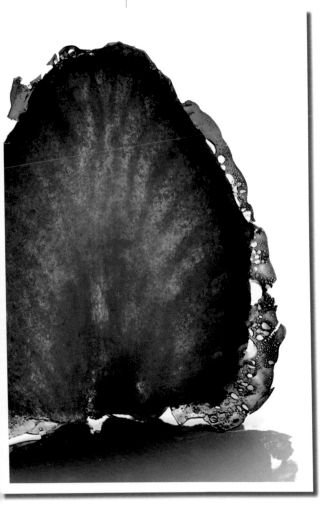

- 把草莓片放在矽膠烤盤墊上 (4)。（只選用形狀漂亮的草莓片，剩餘的製作草莓濃漿。）

- 在拌勻的蛋白和糖粉中加入幾滴玫瑰露酒 (5)。

- 用刷子沾取調好的蛋白，在草莓片表面刷薄薄的一層 (6)。

- 放入烤箱內，烤約 1 小時。但因為草莓片薄厚不同，烘烤期間要隨時觀察烤箱內的草莓片狀態。

- 草莓片烤好後放涼，此時你會發現草莓的質地變脆了。

- 將草莓片放入一個密封盒裡，保存在乾燥的環境下，但請避免存放過久。

Advice

- 在餐後甜點中，將草莓脆糖片裝飾在草莓冰淇淋表面，效果會非常好。

數量：約 30 片
準備時間：15 分鐘
烹調時間：1 小時左右

重點工具
刷子 1 把
水果刀 1 把
矽膠烤盤墊 1 張

材料
蛋白 20g
糖粉約 50g
草莓 6 個（請挑選果肉緊實，形狀漂亮的）
玫瑰露酒數滴（可不加）

1　將糖粉倒入蛋白內。

2　用打蛋器攪拌至勻。

3　草莓去梗，縱向切成 2 ～ 3 公釐的薄片。

4　將草莓片整齊排放在矽膠烤盤墊上。

5　在拌勻的蛋白和糖粉中加入幾滴玫瑰露酒。

6　用刷子沾調好的蛋白，在草莓片表面刷上薄薄的一層；放入烤箱，烤 1 小時左右。烘烤期間，隨時觀察烤箱內的草莓片狀態。

青蘋果脆糖片
Chips de pomme verte

- 以 80℃ 預熱烤箱。

- 先把每個蘋果的第一片切掉 (1)，然後將蘋果縱向切成 2 ～ 3 公釐的薄片 (2)。

- 將檸檬汁倒入一個小鍋中，將步驟 1 的蘋果片浸入檸檬汁中 (3)。

- 務必將全部蘋果片都蘸匀檸檬汁 (4)，避免蘋果片在烹製時變黑。

- 把蘋果片依序放在鋪有烘焙紙的烤盤上 (5)。

- 在表面均匀撒上糖粉 (6)。

- 讓糖粉在蘋果片表面融化 (7) 後，放入烤箱，烤 1 小時左右。

- 蘋果片烘烤好後，取出放涼，其質地會變脆。

- 放入密封盒內保存。

Advice

- 蘋果脆糖片易溶於口，餐後食用可使口味清香，酸中帶甜。

- 蘋果脆糖片同樣可以在耶誕節期間妝點餐桌，給客人帶來驚喜。

- 蘋果脆糖片與乳酪可以一起搭配，也可以將青蘋果雪酪、優質蘋果酒和青蘋果脆糖片組合成蘋果套餐。

數量：約 20 片
準備時間：10 分鐘
烹調時間：1 小時 30 分鐘左右

重點工具
水果刀 1 把
鋪有烘焙紙的烤盤 1 個
細篩網 1 個（篩糖粉用）

材料
青蘋果 2 個
推薦使用澳洲青蘋果史密斯奶奶
（Granny Smith），烘乾後的味道
令人難忘懷。
檸檬 1 個
糖粉 100g

1 先把每個蘋果的第一片切掉。

2 將蘋果縱向切成 2 ～ 3 公釐的薄片。

3 將每片蘋果浸入檸檬汁中。

4 把每片蘋果都蘸滿檸檬汁。

5 蘋果片依序放在鋪有烘焙紙的烤盤上。

6 在蘋果表面均勻地撒上糖粉。

7 讓糖粉在蘋果片表面融化後，放入烤箱，烤 1 小時左右。隨時觀察烤箱內蘋果片的變化。

水晶玫瑰花瓣
Roses cristallisées

· 選用外形漂亮的玫瑰花，切去花莖 (1)。

· 一隻手拿住花托，另一隻手掰下花瓣 (2)，然後把花蕊扔掉，花瓣一片片分開 (3)。

· 挑選漂亮的花瓣排放在鋪有烘焙紙的烤盤上：把形狀較小的，有損壞的花瓣去掉 (4)。

· 將蛋白放在小碟內，刷子上蘸滿蛋白 (5)。然後利用碗緣把多餘的蛋白刮掉。在每片花瓣的兩面小心地刷上一層蛋白 (6)。每一層蛋白要薄且均勻，成品才能達到最佳效果。

· 將花瓣放入冰糖碎中 (7)，並在花瓣表面撒滿冰糖碎 (8)，使花瓣完全被冰糖碎包裹，再用手抖去多餘的冰糖碎 (9)。

· 繼續重複上述步驟，完成剩餘的玫瑰花瓣，全部排放在鋪有烘焙紙的烤盤上 (10)。

· 在一個通風良好、溫度較高的房間內，放置一晚。

· 直到每片玫瑰花瓣變乾、變脆即可。

Advice

· 這種裝飾品簡單易做，能為你製作的產品增加魅力及視覺效果。除了能用在母親節、情人節的蛋糕上面裝飾，也可以放在紅色漿果冰淇淋上作點綴。當然，在餐後取一點玫瑰糖漿淋在玫瑰花瓣上，也會為你的客人帶來驚喜。

數量：20 片
準備時間：15 分鐘
風乾時間：約 1 晚

重點工具
小刷子 1 把
鋪有烘焙紙的烤盤 1 個

材料
玫瑰花 1 朵（未處理過、
顏色鮮豔的較好）
蛋白 1 個
冰糖碎 200g（質地比砂糖
厚實，所以更加漂亮）

1　選用外形漂亮的玫瑰花，切去
　　花莖。

2　一隻手拿住花托，另一隻手把
　　花瓣掰下，並去掉花蕊。

3　將玫瑰花瓣一片一片分開。

4　只挑選漂亮的花瓣放在鋪有烘
　　焙紙的烤盤上。

5　將蛋白放入小碟，刷子蘸滿蛋
　　白。然後利用碗緣將刷子上的
　　多餘蛋白刮掉。

6　在每片花瓣的兩面刷上一層薄
　　且均勻的蛋白。

7　將花瓣放入冰糖碎中。

8　在花瓣表面撒滿冰糖碎，使花
　　瓣兩面均勻裹上冰糖碎。

9　用手抖去多餘的冰糖碎。

10　將沾裹均勻的玫瑰花瓣全部
　　放在鋪有烘焙紙的烤盤上，在
　　一個溫度較高的房間內，放置
　　一晚。

黑巧克力刨花

Copeaux de chocolat noir

- 把巧克力融化後，將溫度控制在規定溫度內，可參考第 180 頁的説明。

- 到達目標溫度後，會呈現如圖般的質地 (1)。

- 將操作檯面清洗乾淨（最好選用大理石檯面，複合材質檯面也可以），然後將少量融化的巧克力倒在上面 (2)。

- 用抹刀將巧克力抹開 (3)，抹出厚薄均勻一致、表面光滑的巧克力薄片 (4)。

- 等待巧克力凝固。圖為融化的液體巧克力和凝固的固體巧克力比對圖 (5)。

- 利用一把主廚刀來製作巧克力刨花 (6)，將刀放在凝固的巧克力上，傾斜成一定角度向前推，把檯面上的巧克力刨成巧克力刨花。

- 如果巧克力過硬，可以將雙手輕放在巧克力表面將其溫熱，但請不要用力下壓！(7) 然後再繼續用刀斜推出巧克力刨花 (8)。

- 把做好的巧克力刨花放入盤中，放置一段時間，使其變硬。

- 也可將巧克力刨花直接放在蛋糕上裝飾。

Advice

- 在開始製作的時候，可先將少量融化的巧克力放在檯面上練習，直到熟練才開始刨花（刨花需要一點小技巧，但經過多次練習就能熟練！）。

- 在製作時可考慮關閉廚房的窗戶，避免融化的巧克力凝固過快。

- 這種巧克力裝飾品會讓巧克力蛋糕帶給人們愉悦的感覺。當然，也可以使用牛奶巧克力。

準備時間：20 分鐘

重點工具
抹刀 1 把
主廚刀 1 把（長、尖、無齒）

材料
黑巧克力 300g（至少含有 55% 可可的巧克力）

1 將融化的巧克力溫度，維持在規定溫度內。

2 將一部分融化巧克力倒在操作檯面上。

3 用抹刀將巧克力抹開。

4 將巧克力抹至厚薄均勻一致，表面光滑。

5 圖為融化的液體巧克力和凝固的巧克力對照。

6 將刀放在凝固的巧克力上，傾斜成一定角度向前推，把巧克力刨下來製成巧克力刨花。

7 如果凝固的巧克力變硬，可以將雙手輕放在巧克力表面將其溫熱。

8 繼續用刀斜推出巧克力刨花。把做好的巧克力刨花放置一段時間，變硬後再使用。

巧克力葉片
Feuilles en chocolat

· 將巧克力融化後,再將溫度控制在規定溫度內(參考在第 180 頁的說明)。

· 一旦巧克力溫度到達標準溫度後,即可開始製作。

· 用刷子蘸上巧克力,將巧克力刷在比較長的葉子上 (1),注意使巧克力厚薄均勻一致 (2)。

· 然後,把葉片放在一根擀麵棍上 (3),使巧克力葉片彎曲成自然狀態。

· 用刷子蘸上巧克力刷在冬青葉片背面 (4),製作出乾淨俐落的巧克力葉片。

· 請不要在葉片上刷過多巧克力 (5),否則製作出的巧克力葉片不自然,也不真實。

· 將刷上巧克力的各種葉片放在烘焙紙上,放入冰箱使其變硬、變脆。如果巧克力的硬度不夠,請繼續冷藏,直到要使用時再取出。

· 1 小時後,把真葉片輕輕地彎曲,與巧克力葉片分開 (6),即完成理想的巧克力葉片成品 (7)。

· 在裝飾表面撒有可可粉的蛋糕甜品時,請在表面撒大量可可粉 (8),再用刷子輕刷 (9),以填補蛋糕表面的不平及小坑洞。

· 最後放上巧克力葉片作裝飾 (10)。

Advice

· 選用較綠的葉片,避免葉片過乾,以方便脫模。

· 這個裝飾品是秋天最好的象徵。

數量：20 片
準備時間：20 分鐘
放置時間：1 小時

重點工具
小刷子 1 把
擀麵棍 1 根
小細篩網 1 個
烘焙紙 1 張

材料
葉片 20 片（無損壞葉片，
選擇冬青葉、月桂葉等帶
有較深紋理的為佳）
巧克力 200g（含 50% 或
60% 可可的巧克力）
無糖可可粉適量

1 當巧克力溫度到達標準溫度之
後，即可開始將巧克力刷在葉
片上。

2 刷的同時，要保持巧克力厚薄
均勻一致，不要過薄或過厚。

3 把巧克力葉片放在擀麵棍上，
使其微微捲曲。

4 用刷子蘸上巧克力，刷在冬青
葉背面，這種方法效果較好。

5 巧克力不要刷得過厚也不要過
薄，圖為刷好的效果；將刷好
巧克力的各種葉片放在烘焙紙
上，待其變硬、變脆。

6 把真正的葉片輕輕彎曲，與巧
克力葉片分開。

7 完成巧克力葉片成品。

8 在蛋糕表面撒上可可粉。

9 用刷子在表面輕刷，以可可粉
填滿蛋糕表面不平的小坑。

10 最後，放上巧克力葉片即成。

巧克力松樹及冬青葉片

Sapin et feuille de houx en chocolat

· 將巧克力融化後,再將溫度控制在規定溫度內 (1)(參考第 180 頁)。

· 擠花袋口打開,套在一個較深的容器內(如量杯),以便將融化的巧克力倒入 (2)。

· 用夾子密封袋口 (3),以免巧克力從袋口溢出。

· 將烘焙紙鋪在操作檯上,然後在擠花袋底端剪一個小口 (4)。

· 握住擠花袋,將巧克力擠在烘焙紙上。左右移動擠花袋畫出松樹狀 (5)。

· 製作 20 個左右,並盡量讓每個巧克力的大小均勻一致 (6)。

· 接著製作冬青葉。請將巧克力擠成水滴狀 (7)。

· 製作 3 個後(如果一次做太多,之前的巧克力會很快凝固),用牙籤將巧克力兩側邊緣拉成鋸齒狀 (8)。

· 盡量做出足量的巧克力冬青葉 (9)。

· 一定要等巧克力完全凝固後再使用。

Advice

· 這個簡單裝飾適合點綴耶誕節年輪蛋糕。

· 如果沒有擠花袋,可以使用烘焙紙來代替(可參考第 210 頁)。

準備時間：20 分鐘

重點工具
擠花袋 1 個
夾子 1 個
烘焙紙 1 張
剪刀 1 把
牙籤 1 根

材料
巧克力 300g（至少含 55% 可可的巧克力）

1 巧克力融化後，將溫度控制在規定溫度內。

2 將擠花袋口打開，套在一個較深的容器內，將融化的巧克力倒入。

3 用夾子把袋口密封。

4 在擠花袋底端剪一個小口。

5 手握擠花袋，把巧克力擠在烘焙紙上。將擠花袋左右來回畫，擠出松樹狀的巧克力。

6 製作所需要的數量。

7 接著製作冬青葉。請將巧克力擠成水滴形。

8 用牙籤將水滴兩側邊緣拉成鋸齒狀。

9 將巧克力全部擠完，盡量細心保存成品（易碎）。

巧克力玫瑰花裝飾
Chocolat sur plaque

- 以 120°C 預熱烤箱。

- 巧克力隔水加熱（或放入微波爐中加熱），直至巧克力完全融化。

- 烤盤（最好準備 2 個）放入烤箱內加熱，至溫度達 45°C 時取出，放在操作檯上。

- 將烤盤背面朝上，倒入少量巧克力 (1)，並用刷子將巧克力刷開 (2)。

- 盡量將巧克力刷勻，多餘的巧克力可刮除 (3)，厚度不用太厚，大約 2 公釐厚即可。

- 圖為理想的狀態 (4)。可以輕輕拍打烤盤，使巧克力的表面更加均勻光滑。

- 然後放入冰箱內冷藏 1 小時左右（也可延長存放時間，這樣會更容易操作），直到巧克力凝固。

- 在這期間準備製作巧克力鏡面醬。

巧克力鏡面醬

- 將淡奶油和砂糖放入鍋中，以中火煮開。

- 巧克力切細碎後，放入一容器中。

- 淡奶油煮開後，把 ½ 熱奶油倒入巧克力碎中。放置片刻使巧克力融化，然後用刮刀輕輕攪拌。

- 攪拌均勻後，加入剩餘的熱奶油，再次攪拌。

- 巧克力與淡奶油混合均勻後，加入奶油丁。

- 繼續不停攪拌，直到奶油丁融化在奶油巧克力中。製作完成的巧克力鏡面醬質地潤滑，表面光亮。

- 將鏡面醬倒在蛋糕表面 (5)，用抹刀抹平 (6)。

數量：6 人份
準備時間：30 分鐘
靜置時間：1 小時左右

重點工具
乾淨烤盤 1 個
刷子 1 把
巧克力鏟刀（三角形鏟刀）1 把
竹籤（或筷子）1 根
小抹刀 1 把

材料
巧克力 300g（至少含 55% 可可的巧克力）

巧克力鏡面醬
全脂淡奶油 100g
砂糖 1 小匙
黑巧克力 85g（含 60% 或 70% 可可的巧克力）
奶油丁 15g

1　巧克力隔水加熱（或微波爐中加熱），至巧克力完全融化。再將其稍微放涼。取少量倒在溫烤盤的背面（烤盤溫度不要超過 45°C）。

2　用刷子將巧克力刷開。

3　可刮除多餘的巧克力，在烤盤上刷上一層厚度大約 2 公釐的巧克力。

4　可以輕輕拍打烤盤，使上面的巧克力更均勻光滑。然後放入冰箱內冷藏 1 小時。

5　將製作完成的巧克力鏡面醬倒在蛋糕表面。

6　用抹刀抹平後，放涼備用。

巧克力玫瑰花裝飾
Chocolat sur plaque

· 最好在巧克力鏡面醬稍微凝固後,再將巧克力裝飾片放在上面。

· 從冰箱取出烤盤,放在一個較溫暖的地方,待其溫度上升至室溫,巧克力會變柔軟、有韌性。

· 也可以將手掌輕輕放在巧克力上溫熱,但注意不要用力壓巧克力 (7)。

· 用巧克力鏟刀將巧克力從烤盤上鏟下,使其呈寬片狀 (8)。可先用手接住劃開的巧克力寬片,再以竹籤輔助,比較便於操作 (9)。

· 鏟巧克力時,需用力下壓鏟刀,同時提拉竹籤上的巧克力寬片 (10):這樣可獲得比較漂亮的巧克力寬片 (11)。

· 圖為放在蛋糕中央的理想巧克力裝飾片 (12)。

· 把巧克力裝飾片放在蛋糕上 (13)。

· 請一片一片,將巧克力裝飾片小心放上 (14),至完全覆蓋蛋糕表面停止 (15)。

· 食用前,請將蛋糕放在低溫處保存一段時間。

Advice

· 第一次製作時,很難掌握以上技巧。可一旦掌握後,會讓原本簡單的巧克力蛋糕馬上出現令人驚奇的效果。

· 使用這種技法,也可以製作出花冠形狀的巧克力片:可在製作巧克力裝飾片的同時,用一根手指壓住邊緣,使巧克力裝飾片呈扇形。或是使用冰烤盤(參考第 200 頁)的技巧來製作 5 公分的寬片。

7 從冰箱取出烤盤，使巧克力恢復常溫狀態，也可以將手掌輕放在巧克力上溫熱。

8 用鏟刀將巧克力從烤盤上鏟下，劃出寬片並用另一手扶住寬片。

9 以竹籤輔助，方便作業。

10 鏟巧克力的同時以竹籤提拉巧克力寬片，使鏟子與竹籤一起同步作業。

11 至形成捲曲狀的巧克力寬片即可製作下一片。

12 圖為擺放在蛋糕中央的巧克力裝飾片。

13 把巧克力裝飾片放在蛋糕上。

14 將巧克力裝飾片一片片圍繞在蛋糕上。

15 直至蛋糕表面被覆蓋即完成。

巧克力麵條
Spaghettis de chocolat

- 在開始製作前,先將一個或多個烤盤放入冰箱內冷凍 30 分鐘。

- 把白巧克力隔水加熱或放入微波爐中加熱,至白巧克力完全融化。（須同時注意溫度不要超過 40°C）。

- 透過攪拌,使白巧克力降至 30°C（手指感受不到溫差）。

- 將白巧克力裝入擠花袋,旋轉擠花袋底部,把擠花袋口密封。

製作小鳥巢造型

- 從冰箱內取出烤盤（須在烤盤溫度升高前,迅速作業）,放在操作檯上。從左到右來回將白巧克力擠在烤盤背面 (1)。

- 來回十幾次即可停止 (2)。

- 幾秒鐘後巧克力就會凝固（注意!這個過程會非常快）,然後用巧克力鏟刀,將白巧克力絲從烤盤上鏟下並聚攏 (3)。

- 用雙手將白巧克力絲彎成圈,呈小鳥巢狀 (4)。放在冷烤盤上使其變硬定型。

- 按照此方法重新製作同樣的鳥巢。如果第一個烤盤溫度升高,可以使用冰箱內冷凍的另一個烤盤。

製作大鳥巢造型

- 在冷烤盤的底部來回擠上大量較粗的白巧克力絲（來回二十幾次）(5)。

- 待巧克力凝固後先把兩端聚攏 (6),再把所有白巧克力絲聚攏在一起 (7)。

- 把巧克力彎成圈狀製作成鳥巢 (8),再把兩端黏牢 (9)。

- 放在冷烤盤上 20 分鐘左右,待其變硬定型後再輕輕拿起使用。

Advice

- 此成品非常適合與復活節彩蛋搭配,或直接放在巧克力蛋糕上裝飾。

- 裝飾復活節彩蛋或炸物時,若巧克力成型困難,可能是溫度過高或者烤盤溫度不夠低,此時,只須將烤盤放入冷凍室降溫後再使用即可。

數量：4 個小鳥巢
準備時間：20 分鐘

材料
優質白巧克力 300g（選用至少含 30% 可可的巧克力，比較好的牌子為 Valrhona）

重點工具
乾淨烤盤 1 ～ 2 個
擠花袋 1 個
細平頭圓口花嘴 1 個
烘焙紙擠花袋 1 個（作法可參考第 210 頁）
巧克力鏟刀 1 支

1　先將準備好的融化白巧克力裝入擠花袋，再從冰箱取出烤盤來，從左到右來回將白巧克力擠在烤盤背面。

2　完成十幾個來回即可停止，製作出小鳥巢。

3　等待幾秒鐘後巧克力就會凝固，此時可將白巧克力絲的兩端聚攏。

4　雙手將白巧克力絲兩端對彎成圈，使它呈小鳥巢狀後，放在冷烤盤上。

5　接著製作大鳥巢。在冷烤盤底部來回擠上大量較粗的白巧克力絲。

6　待其凝固後，把兩頭聚攏。

7　把所有白巧克力絲聚攏。

8　用手將巧克力絲拿在空中彎成圈，做成鳥巢。

9　最後將成型的鳥巢放在冷烤盤上，用手按壓住兩頭，把兩頭黏牢即成。

杏仁膏小老鼠

Souris en pâte d'amandes

· 取 100g 白杏仁膏與可可粉混合、揉勻，使其呈深棕色（若質地過乾，可適量加幾滴水），保存備用。

· 搓揉剩餘的白杏仁膏 (1)。

· 搓揉至表面光滑，均勻一致即可停止 (2)。

· 在上面撒些太白粉 (3)，揉成粗細一致的粗圓條 (4)。

· 用同樣方法，將可可杏仁膏搓揉成圓條 (5)。

· 把白杏仁膏圓條頂端切掉，再切成多個小塊 (6)。

數量：4 隻
準備時間：20 分鐘

重點工具
細篩網 1 個
小刀 1 把
塑膠筷 1 根

材料
白杏仁膏 300g
可可粉少許
太白粉適量

1　取 100g 白杏仁膏與可可粉混合、揉勻，使其呈深棕色（若質地過乾，可適量加幾滴水），保存備用。用手搓揉剩餘的白杏仁膏。

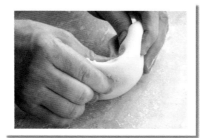

2　搓揉至杏仁膏質地均勻。

3　上面撒些太白粉，便於操作。

4　將杏仁膏揉成粗細一致的粗圓條狀。

5　用同樣的方法，將可可杏仁膏也搓揉成圓條。

6　把白杏仁膏圓條頂端切掉，再切出多個小塊。

杏仁膏小老鼠

Souris en pâte d'amandes

- 將一個白杏仁膏小塊搓揉成大圓球，再用手掌將一頭搓細，搓尖 (7)，做成老鼠的身體 (8)。

- 取 2 塊可可杏仁膏小塊，搓成 2 個小球，再用手指將一頭搓細 (9)，呈耳朵形狀。

- 把耳朵輕輕壓在老鼠身體上固定住 (10)。

- 再取一塊可可杏仁膏小塊，揉成球形，再用手心搓成長條做成尾巴 (11)，然後把尾巴固定在老鼠身體後方 (12)。

- 用筷子在耳朵根部輕壓 (13)，壓出老鼠眼眶。

- 揉 2 個可可杏仁膏小球，做成眼睛，放在眼眶處即完成。

Advice

- 每只小老鼠沒有標準重量，可根據自己喜好做出大小不一的小老鼠，組成老鼠家族。

- 製作方法簡單，很適合兒童，但請在大人的監護下一起製作。

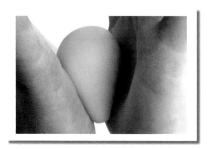

7 將一個白杏仁膏塊搓成一個大圓球，再用手掌將一頭搓細，搓尖。

8 圖為完成的老鼠身體。

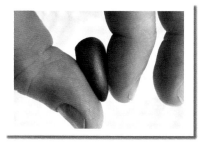

9 取 2 個可可杏仁膏的小塊，搓成 2 個小球，再用手指將一頭搓細，做成耳朵。

10 把耳朵輕輕壓在老鼠的身體上固定住。

11 再取一塊可可杏仁膏塊，揉成球形，用手心搓成細長條做成尾巴。

12 把尾巴固定在老鼠身體後方。

13 用筷子在耳朵根部輕壓，壓出老鼠眼眶。然後揉出 2 個可可杏仁膏小球，做成眼睛，放在眼眶處即完成。

杏仁膏小熊
Kong-Kong en pâte d'amandes

· 取 35g 白杏仁膏備用。

· 剩下的白杏仁膏與可可粉混合，均勻揉成深棕色。

· 將可可杏仁膏揉成球形 (1)，然後切掉 ⅓ (2)。

· 把剩餘的 ⅔ 揉成表面光滑的球形，然後搓長 (3)，使其成為梨形 (4)。

· 在預留的白杏仁膏中取一點，揉成小球後壓扁 (5)。

· 將白杏仁膏小球，放在梨形可可杏仁膏寬頭凸起的表面 (6)。

· 用筷子在白杏仁膏圓片的中央壓一下，做出小熊肚臍 (7)。

數量：1 隻
準備時間：20 分鐘

重點工具
筷子 1 根
尖頭小刀 1 把

材料
白杏仁膏 100g
可可粉少許
太白粉適量（可加可不加）

1 白杏仁膏與可可粉混合，均勻揉成深棕色，再揉成球形。

2 切掉 ⅓ 的可可杏仁膏。

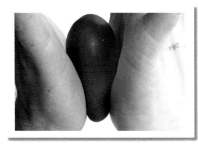

3 將剩餘的 ⅔ 揉成表面光滑的球形，然後再搓長，使其成為梨形。

4 圖為揉好的形狀。

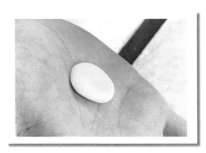

5 在預留的白杏仁膏中取一點出來，揉成小球然後壓扁。

6 將步驟 5 揉好的白杏仁膏，放在梨形可可杏仁膏寬頭凸起的表面。

7 用筷子在白杏仁膏圓片的中央下壓，做成小熊肚臍。

杏仁膏小熊

Kong-Kong en pâte d'amandes

- 用小刀把梨形可可杏仁膏較細的一端一分為二 (8)，做成熊的手臂 (9)。

- 把小熊豎起來，將做好的熊手臂放在身體兩側 (10)。

- 先搓一個可可杏仁膏球及一個白色杏仁膏小球，再將較小的白色杏仁膏球放在可可杏仁膏球上面 (11)。將 2 個小球結合好後，輕輕壓在身體上作為小熊的頭 (12)。再用筷子在白色杏仁膏中間戳一個洞，當作小熊的嘴。

- 接下來製作小熊的耳朵。先揉出 2 個可可杏仁膏小球，再用筷子在 2 個小球上分別壓出一個小坑 (13)。

- 把 2 個耳朵輕輕黏在頭上固定好 (14)。

- 將一小塊可可杏仁膏揉成小球，放在小熊嘴上，當作小熊的鼻子。用筷子在熊的眼眶處分別戳出一個小坑 (15)。

- 將小熊手臂依照自己的喜好擺成合適的姿勢 (16)。

- 用可可杏仁膏揉 2 個球當作小熊的大腿和腳趾，再用白色杏仁膏揉 6 個小白球，分別擺在小熊的 2 隻腳上，當作腳趾頭，這樣就完成了！

製作眼睛

- 分別揉 2 個可可杏仁膏球和 2 個白色杏仁膏球，然後將可可球黏在白球上完成小熊眼睛，再放入小熊的眼眶內即可。

Advice

- 小熊的製作過程比老鼠複雜，但成品非常精緻。也許製作出的第一個作品會不盡如人意，但請堅持不懈地練習！

8 用小刀把梨形可可杏仁膏較細的一端一分為二。

9 將兩邊分開,完成小熊手臂。

10 把小熊立起來,並將做好的小熊手臂放在身體兩側。

11 搓揉一個可可杏仁膏球,及一個白色杏仁膏小球。然後將較小的白色杏仁膏球放在可可杏仁膏球上面。

12 將步驟 11 的成品,輕壓在身體上當作小熊的頭,再用筷子在白色杏仁膏中間戳一個坑,當作小熊嘴巴。

13 揉 2 個可可杏仁膏小球,並用筷子在 2 個小球上壓出一個小坑,完成小熊耳朵。

14 把兩個耳朵輕捏在小熊頭上固定好。

15 取一點可可杏仁膏揉成小球做成熊鼻子。用筷子在熊的眼眶處,戳出小坑。

16 把小熊手臂依照自己的喜好擺成合適的姿勢,再用可可杏仁膏揉出 2 個球做小熊的大腿和腳趾,另外再揉 2 個可可杏仁膏球和 2 個白色杏仁膏球,做出眼睛黏上去,就完成了。

週年紀念杏仁膏片
Plaquette anniversaire

· 將太白粉過細篩網，均勻撒在工作檯上 (1)。

· 在工作檯上，把白杏仁膏用力搓揉均勻（如果太乾，可適量加幾滴水），成 2～3 公釐厚的薄片 (2)（也可以在烘焙紙上操作）。

· 用小刀將杏仁膏片劃成葉子形 (3 和 4)，切掉多餘的杏仁膏片 (5)。

· 重複以上步驟，在杏仁膏片上劃出多個葉子形狀的杏仁膏片 (6)。

· 製作紙捲擠花袋。

· 先將烘焙紙裁成三角形，並在直角處折疊 (7)。

準備時間：15 分鐘

重點工具
細篩網 1 個
擀麵棍 1 根
烘焙紙 1 張
訂書機 1 個（可用可不用）
尖頭小刀 1 把

材料
白杏仁膏 100g
Nutella 榛果可可醬 1 大匙
太白粉或糖粉適量（用於擀製
杏仁膏片並防止沾黏）

1 將太白粉均勻撒在工作檯上。

2 在工作檯上把白杏仁膏用力搓
揉均勻，然後擀成 2 ～ 3 公釐
的薄片。

3 用小刀將杏仁膏片劃成葉子的
形狀。

4 盡量將葉緣切得俐落些，不要
有毛邊。

5 去掉剩餘的杏仁膏片。

6 圖為完成的杏仁膏葉片，你也
可以嘗試各種不同的形狀。

7 將烘焙紙裁成三角形，在直角
處對折。

週年紀念杏仁膏片

Plaquette anniversaire

- 用手指捏住三角形烘焙紙對折的一角，向內捲成錐體 (8)。

- 同時用另外一隻手捏住紙捲長邊一起捲出尖頭 (9)（這時注意不要讓紙捲散開）。繼續將紙捲捲緊 (10)。

- 此時會發現紙捲邊露出一個高於紙捲高度的小角 (11)，我們可以利用這個角固定紙捲，避免紙捲散開。

- 將露出的紙角向內折疊 (12)，並用訂書機固定 (13)，確保紙捲擠花袋不會再散開。

- 用刀尖取少量榛果可可醬放入紙捲擠花袋裡 (14)。

- 先將紙捲擠花袋的袋口折疊封住 (15)，再次折疊時將有訂書針的封口處反向折疊 (16)。

- 用剪刀把紙捲擠花袋的尖頭剪掉。完成後可以用來寫字 (17 和 18)，也可擠出像墨水的線條及漂亮的英文字母。

Advice

- 將榛果可可醬擠在杏仁膏片上之前，可先在烘焙紙上練習。這樣就可以知道如何熟練地使用紙捲擠花袋寫字。

- 也可以對照範本練習，在用巧克力寫字之前，先用手寫。

- 這種寫字的方法可以用在蛋糕或蛋白糖霜上。

8 用手指捏住三角形烘焙紙對折的一角，向內捲成一個錐體。

9 同時用另一隻手捏住紙捲長邊一起捲動，並向上提拉。

10 繼續捲動至錐形紙捲捲緊即可停止捲動。

11 此時紙捲邊有一個高於紙捲高度的紙角（這個紙角可以固定住紙捲）。

12 將露出的紙角向內折疊。

13 用訂書機釘住。

14 用刀尖取少量的榛果可可醬放入紙捲擠花袋裡。

15 把紙捲擠花袋口折疊封住。

16 再次折疊時把訂書針封口的位置反向折疊。

17 把紙捲擠花袋的尖頭剪掉。

18 在杏仁霜片上寫下想寫的文字即可。

晚禮服裝飾蛋糕
Décor «Smoking»

製作巧克力鏡面醬

· 將淡奶油和砂糖放入鍋中，中火加熱至煮開。

· 在這期間，把巧克力切細碎，放在一個容器內。

· 淡奶油煮開後，把 ½ 的熱奶油倒入巧克力細碎中。放置一會兒使巧克力融化，然後用耐熱橡皮刮刀輕輕攪拌。

· 攪拌均勻後，加入剩餘的熱奶油，再次攪拌。

· 當巧克力與奶油混合均勻後，即可加入奶油丁。

· 不停攪拌至奶油丁融化在奶油巧克力中即完成。製作完成的巧克力鏡面醬質地潤滑，表面光亮。

淋上巧克力鏡面醬

· 將巧克力蛋糕翻扣在不鏽鋼涼架上 (1)，使比較平的那面朝上。

· 將不鏽鋼涼架放在烤盤裡 (2)，以收集待會兒流下的巧克力鏡面醬。

· 使用巧克力鏡面醬前，須確認質地呈現如圖的光亮狀態 (3)（即溫度比手指溫度略高）。

· 將巧克力鏡面醬倒在巧克力蛋糕上 (4 和 5)，使其完全覆蓋蛋糕表面。

· 用抹刀把表面的巧克力鏡面醬抹平滑 (6)，同時抹掉多餘的巧克力鏡面醬。

· 輕輕振動不鏽鋼涼架，使蛋糕表面的巧克力鏡面醬更加均勻平滑 (7)。

· 將蛋糕放入較涼的房間內冷卻（也可以放冰箱裡冷藏，但要隨時觀察巧克力的凝固程度，因為在製作巧克力蛋糕淋面時，巧克力蛋糕若是過冷，會導致巧克力鏡面醬凝固過快）。

製作晚禮服裝飾

· 將一部分白杏仁膏與數滴紅色素混合，搓揉成鮮紅色。

· 再將一小塊白杏仁膏與可可粉混合，搓成棕色。

· 操作檯上撒些太白粉，再將紅色杏仁膏擀成厚度約 2 ～ 3 公釐的薄片 (8)。

數量 ：8 人份
準備時間：30 分鐘

重點工具
不鏽鋼涼架 1 個
抹刀 1 把
擀麵棍 1 根
長刀 1 把

材料
巧克力鏡面醬
全脂淡奶油 300g
砂糖 1 大匙
黑巧克力 250g（含 60%
或 70% 可可的巧克力）
奶油丁 50 g

晚禮服
白杏仁膏 150g
食用紅色素數滴
無糖可可粉少許
太白粉適量（防止沾黏用）
巧克力蛋糕 1 塊（18 公分
×25 公分長方形）

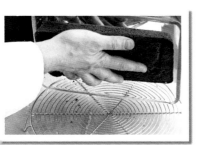

1 巧克力鏡面醬製作完成後，把巧克力蛋糕翻扣在不鏽鋼涼架上，使較平的面朝上。

2 把不鏽鋼涼架放在一個烤盤裡（也可放在烘焙紙上）。

3 使用前確認巧克力鏡面醬呈現如圖的光亮質地。

4 將巧克力鏡面醬倒在巧克力蛋糕上。

5 使鏡面醬完全覆蓋蛋糕表面。

6 用抹刀把巧克力鏡面醬抹平滑，同時抹掉多餘的醬。

7 用手輕輕振動不鏽鋼涼架，使巧克力鏡面醬更加均勻平滑，然後將其放在涼爽的地方，準備開始製作晚禮服裝飾。

8 將紅色杏仁膏擀成厚約 2 ～ 3 公釐的薄片。

晚禮服裝飾蛋糕

Décor <<Smoking>>

· 用長刀將紅色杏仁膏片切成大小適合巧克力蛋糕尺寸的長三角形 (9 和 10)。

· 把 2 個寬角向內折疊做成襯衫領子 (11)。

· 然後擀一塊與紅色杏仁膏片一樣厚度的白杏仁膏片 (12)，再將其切成小長方形 (13)。

· 在白杏仁膏片中間捏出皺褶 (14)，做成領結形狀。

· 切一小條白杏仁膏片，縱向包覆領結的皺褶處 (15)。

· 做好後的領結如右邊步驟圖所示 (16)。

· 用棕色杏仁膏分別揉出 3 個小球，作為襯衫的扣子 (17)。

· 將紅色襯衫放在蛋糕上 (18)。

· 最後，把領結放在領口位置 (19)，從不鏽鋼涼架上取下蛋糕，放在一個乾淨的盤子裡就完成了！

Advice

· 也可以使用白蛋糕（例如海綿蛋糕、磅蛋糕等）。

· 這種類型的蛋糕裝飾適合父親節或新年，你也可以用各種顏色的杏仁膏做一些小配件裝飾在上面。

9 用長刀將紅色杏仁膏片切成長三角形

10 確認長三角形的大小，適合巧克力蛋糕的尺寸。

11 把 2 個寬角向內折疊，當作襯衫領。

12 擀一塊白杏仁膏片。

13 將步驟 12 的杏仁片，切成小長方形。

14 在杏仁片中間捏出皺褶，做出領結形狀。

15 切一小條白杏仁膏片，縱向包覆住領結的皺褶處。

16 圖為做好後的領結。

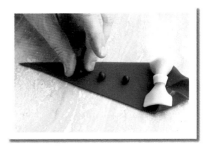

17 用棕色杏仁膏分別揉出 3 個小球當作襯衫扣子。

18 將紅色襯衫放在蛋糕上。

19 把領結放在領口位置即完成！

杏仁膏蛋糕
Masquage

準備製作奶油霜

· 在圓底盆中打一個蛋，加入砂糖攪拌均勻。

· 然後隔水加熱攪拌（像製作海綿蛋糕一樣），直到所有砂糖融化。

· 放涼後用攪拌機將步驟 2 的混合物打發。

· 再次加熱至混合物變溫後加入奶油丁，繼續不停地攪拌。

· 持續快速攪拌幾分鐘後，將其放在室溫環境下保存備用。

準備包覆住蛋糕的杏仁膏

· 將蛋糕放在表面乾淨、平滑的托盤上（建議使用鐵製、塑膠或紙製的托盤，以方便操作）。

· 在蛋糕表面倒入少量奶油霜 (1)，用抹刀將奶油霜抹滿整個蛋糕表面 (2)。

· 拿起蛋糕，用抹刀盛取奶油霜，抹滿蛋糕邊緣及側面 (3)。

· 將整個蛋糕側面全部抹上一層奶油霜後 (4)，把蛋糕放回工作檯上，用抹刀再次將蛋糕正面的奶油霜抹均勻 (5)。

· 再次修飾側面的奶油霜，並將多餘的去掉，然後放入冰箱冷藏保存。

· 將白杏仁膏搓揉均勻（如果太乾燥，可加入幾滴水）。

· 在工作檯上均勻撒上太白粉，再放上白杏仁膏 (6)，擀開 (7)。

· 將杏仁膏擀成厚度在 2 ～ 3 公釐左右，且能夠完全覆蓋住蛋糕表面的大小。

· 然後將杏仁膏片捲在擀麵棍上 (8)，以方便移動。

數量：8 人份
準備時間：25 分鐘
食用前放置時間：20 分鐘

重點工具
抹刀 1 把
蛋糕托盤 1 個
擀麵棍 1 根
硬紙板 1 張（表面須平滑）
刀 1 把

材料
奶油霜
蛋 2 個
砂糖 150g
優質奶油丁（室溫回軟）250g
白杏仁膏 250g
太白粉少許（用於防止沾黏，以擀開杏仁膏片）
8 人份蛋糕 1 塊（可自行選擇蛋糕種類）

1　在蛋糕表面倒上少量奶油霜。

2　用抹刀將奶油霜抹滿整個蛋糕的表面，且要抹得光滑、薄厚一致。

3　拿起蛋糕，用抹刀盛取奶油霜，抹滿蛋糕邊緣及側面。

4　將整個蛋糕側面均勻抹上一層奶油霜，使其完全被覆蓋。

5　用抹刀把表面凸出的奶油霜抹平，同時抹掉邊緣的多餘奶油霜後，放入冰箱冷藏。

6　在工作檯上均勻撒些太白粉，然後放上白杏仁膏進行搓揉。

7　將杏仁膏擀成片。擀出的杏仁膏片厚 2 ～ 3 公釐左右，大小要能夠完全覆蓋住蛋糕表面。

8　擀好後，將杏仁膏片捲在擀麵棍上。

杏仁膏蛋糕
Masquage

- 將抹好奶油霜的蛋糕從冰箱取出後,立即把擀麵棍上的杏仁膏片一點一點地展開,鋪在蛋糕表面 (9)。鋪放前,須預先估好位置 , 一次就把杏仁膏片鋪在蛋糕表面。因為一旦鋪上,就不能再挪動了,若多做移動容易使杏仁膏片破損 (10)。

- 用手指在杏仁膏表面輕推 (11),擠出當中的空氣。

- 小心地將邊緣及側面的杏仁膏片輕輕抬起 (12),調整皺褶,使蛋糕表面滑順,邊角分明 (13)。

- 切掉底部多餘的杏仁膏片 (14),別猶豫,務必俐落地切除多餘的杏仁膏 (15),否則會出現毛邊。

- 若邊角出現斷裂,可用手輕輕捏幾下 (16),使其合攏。

- 用硬紙板輕輕向內平壓蛋糕底部邊緣 (17),並將邊角抹圓。

- 將剩餘的杏仁膏揉成球,然後在撒有太白粉的工作檯上將其搓成長條 (18)。

- 將杏仁膏條圍在奶油蛋糕底部 (19),並避免在上面留下指紋。

- 在杏仁膏條的兩頭打個結會更好看 (20)。

- 食用前將奶油蛋糕冷藏 20 分鐘。

Advice

- 這種奶油霜的製作方法非常簡單,而且味道很好。如果你習慣這種口味,可以將其用在其他食譜中。

- 心形蛋糕的步驟會比較複雜些,你可以試著使用圓形蛋糕,這樣會相對簡單些。

- 放上杏仁膏製作的玫瑰花或水晶玫瑰花瓣作為裝飾,就變成母親節對媽媽最好的表示!

- 欲知更專業的食譜及製作方法,可至 www.christophe-felder.com 網站查詢。

9 把擀麵棍上的杏仁膏片展開後，鋪在奶油蛋糕表面。

10 務必小心、輕輕地鋪放。

11 鋪好後，輕輕推壓杏仁膏表面，擠出裡面的空氣。

12 輕壓蛋糕邊緣的杏仁膏片，使其貼住裡面的奶油蛋糕外側，讓蛋糕的外形輪廓更加明顯。

13 小心地將蛋糕側面的杏仁膏片輕輕抬起，調整皺褶使表面更加滑順。

14 切掉底部多餘的杏仁膏片。

15 一刀切下去，盡量不留毛邊。

16 捏一下側面的邊角，讓蛋糕表面看起來更加整齊俐落。

17 用硬紙板輕輕向內平壓蛋糕底部邊緣，並將邊角抹圓。

18 將剩餘杏仁膏揉成長條。

19 把杏仁膏條圍在蛋糕的底部，並注意不在上面留下指紋。

20 將杏仁膏條打個結，放入冰箱冷藏，使奶油凝固。

221

杏仁膏玫瑰花
Roses en pâte d'amandes

· 將杏仁膏搓揉均勻，使其質地均勻（如果質地乾，可加入幾滴水）。

· 然後把杏仁膏分成兩半。

· 其中一塊搓成長條，並切成均勻的 8 小塊 (1)。

· 取 2 小塊杏仁膏搓揉成小三角錐 (2)，當作玫瑰花的中心。

· 然後將剩餘的小塊杏仁膏分別揉成小球放在桌面上，將其輕輕壓扁 (3)。

· 用手掌將其中一半壓薄 (4)，較厚的另外一半作為花瓣的基底。

· 運用燈泡，輕輕地將較薄的那一半壓得更薄些 (5)，完成花瓣。

· 如果沒有燈泡，當然也可以用手完成壓薄杏仁膏的步驟 (6)。

數量：2 朵
準備時間：20 分鐘

重點工具
小刀 1 把（建議選刀身較薄的刀）
燈泡 1 個
剪刀 1 把

材料
白杏仁膏 150g
太白粉少許

Advice
最好使用花崗岩或大理石材質的桌面，較方便製作。

1 杏仁膏等分成 2 塊，其中一塊搓成長條，然後均勻地切成 8 小塊。

2 將杏仁膏揉成一個小三角錐，作為玫瑰花的中心。

3 將剩餘的小塊杏仁膏分別揉成小球放在桌面上，輕輕壓扁。

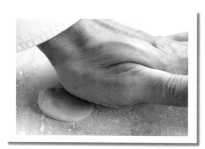

4 將小圓球的其中一半壓薄。

5 利用燈泡，輕輕地將薄的那一半壓得更薄些，做成花瓣。

6 也可用手指完成步驟 5。

杏仁膏玫瑰花
Roses en pâte d'amandes

- 用小刀將花瓣從桌面上取下 (7)。

- 用花瓣包裹住錐形中心 (8)，同時保持花瓣形狀，避免花瓣損壞。

- 再取一片花瓣，用手指將邊緣稍微捏出不規則線條 (9)，以達到真實效果。
  拿起基座，將花瓣一片一片圍住花的中心 (10)。

- 注意讓玫瑰花呈現圓形，會更漂亮。

- 所有的花瓣都安裝固定好變成圖片中的樣子 (11)。

- 圖為花瓣安裝固定前的樣子 (12)。

- 將做好的玫瑰花從基座上剪下來 (13) 即完成。

Advice

- 可製作 1 ～ 2 朵玫瑰花來裝飾成品，既簡單又快速。

- 想避免杏仁膏黏在手指上，可以在製作前稍微撒些太白粉。

- 製作杏仁膏玫瑰花瓣時，可找一張玫瑰花照片，對照製作。

7 利用小刀把每片花瓣從桌面上取下。

8 用第一片花瓣包裹住錐形的中心，注意不要用力下壓。

9 再取一片花瓣，將其邊緣用手指輕捏。

10 將花瓣一片片圍在花的中心周圍，同時要維持花朵形狀。

11 圖為所有花瓣都安裝固定的樣子。

12 圖為花瓣安裝固定前的樣子。

13 將做好的玫瑰花從基座上剪下來即成。

焦糖杏仁片
Nougatine

- 將烤箱預熱至 170°C。

- 把杏仁片鋪在烤盤內,放入烤箱烤 5 ～ 7 分鐘,直到微上色即可取出,保溫備用。

- 把砂糖倒入厚底鍋中(銅鍋更佳)(1),以中火加熱至融化。

- 直到糖變成金黃色的焦糖 (2)。

- 改以小火加熱,並加入 5 滴檸檬汁 (3)。

- 讓焦糖顏色稍微加深 (4)。

- 焦糖做好後,加入溫杏仁片 (5),攪拌均勻,使杏仁表面完全被焦糖包裹 (6)。

- 然後把焦糖杏仁片從鍋中倒在不沾矽膠烤盤墊上 (7)。(也可以將其倒在已塗抹一層油的桌面。)

- 利用不沾矽膠烤盤墊的邊緣,持續將焦糖杏仁片向中央聚集 (8)。

- 當聚集成堆的焦糖杏仁片不再向外流動,即可用金屬擀麵棍 (9),將焦糖杏仁片擀成想要的形狀。

- 想將焦糖杏仁片做成一個大盆子,須將擀成片的焦糖杏仁片放在深底容器內,再壓上一個較小的深底容器,使其成盆狀 (10)。

- 待其完全冷卻即可使用。

Advice

- 不沾矽膠烤盤墊在這個食譜中非常實用,且在操作時手指不會感到燙手。買一張不沾矽膠烤盤墊,你絕對不會後悔的。

- 擀焦糖杏仁片時,可以將杏仁片做成任何自己喜歡的形狀,如圓形、三角形等。

數量：焦糖杏仁盆 1 個
　　　或小盆 4 個
準備時間：20 分鐘
烹調時間：5 ～ 7 分鐘

重點工具
木勺 1 把
不沾矽膠烤盤墊 1 張
金屬擀麵棍 1 根

材料
杏仁片 100g
砂糖 250g
檸檬汁 5 滴或葡萄糖 100g

1　把砂糖倒入厚底鍋中，中火加熱至融化。

2　煮至糖轉變成金黃色的焦糖。

3　加入 5 滴檸檬汁。

4　讓焦糖顏色稍微加深。

5　加入杏仁片。

6　以木勺攪拌，使杏仁片完全被焦糖包裹住。

7　把焦糖杏仁片倒在不沾矽膠烤盤墊上。

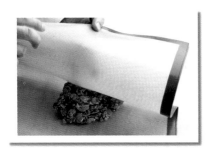

8　利用不沾矽膠烤盤墊的邊緣，將焦糖杏仁片向中央聚集。

9　用金屬擀麵棍，將焦糖杏仁片擀成所需的形狀。

10　運用 2 個深底容器，將焦糖杏仁片做成盆形。待其完全冷卻後再使用。

焦糖榛果
Noisettes caramélisées

· 以 170°C 預熱烤箱。把榛果鋪放在鋪有烘焙紙的烤盤上，放入烤箱內烤十幾分鐘。烤至榛果香味出來，顏色避免過深即可。

準備支撐物

· 在桌面上放一個較高的支撐物（一個小桶或幾本字典）。

· 在支撐物上放一塊保麗龍，使保麗龍的一頭懸空，另外一頭壓上重物（一小包糖或麵粉最好）。

· 為了接住從焦糖榛果上流下的焦糖，並便於清潔桌面，在懸空保麗龍下方的桌面上鋪一層烘焙紙。

· 接著開始製作焦糖榛果。首先將 ½ 的砂糖倒入厚底鍋中 (1)，以中火加熱至融化 (2)，再用木勺輕微攪拌。當砂糖融化後，加入剩下的 ½ 砂糖 (3)，然後繼續攪拌 (4)。

· 改以小火繼續加熱，直至顏色從清澈的金黃色變成棕焦糖色；質地從濃稠 (5) 變流體狀態 (6)。

· 待全部焦糖質地均勻一致後關火，放入冷水鍋中降溫，以確保顏色為焦糖色。

· 然後將一根牙籤插在榛果上 (7)，請小心插，避免將榛果插裂。

· 把插好的榛果放入焦糖裡，在其表面裹上一層厚厚的焦糖即可取出 (8 和 9)，將牙籤的另一頭插在保麗龍底下 (10)。

· 焦糖會自然向下流動，形成尖頭。此時可用剪刀把焦糖尖頭剪斷來控制流量，調整尖頭的長短。

· 焦糖冷卻變硬後，將榛果小心地從保麗龍上取下。重複上述步驟，製作出所需的數量。

Advice

· 這種裝飾品製作快速可以用於裝飾巧克力蛋糕或慕斯，給甜品增加一點特色。

數量：約 30 個
準備時間：20 分鐘
烹調時間：10 分鐘

重點工具
厚底鍋 1 個
牙籤適量
長方形保麗龍 1 塊（約 40×20 公分）

材料
去皮榛果 125g
砂糖 200g

1 先準備好榛果和支撐物，再將 ½ 的砂糖倒入厚底鍋中。

2 以中火加熱至砂糖融化，同時輕輕攪拌。

3 當砂糖融化，再加入剩下的 ½ 砂糖。

4 攪拌均勻。

5 砂糖質地會漸漸濃稠，顏色轉為金黃色。

6 當糖變成棕色後，即可停止加熱，焦糖即完成。

7 將牙籤插在榛果上，須小心插入以免榛果破裂。

8 把插好的榛果放入焦糖裡。

9 使榛果表面覆上一層厚厚的焦糖即可取出。

10 將牙籤的另一頭插在保麗龍底下。焦糖會自然地向下流動，形成尖頭。等焦糖冷卻變硬，小心將牙籤從保麗龍上取下。

糖藝組裝飾品
Pièce de décor

· 將糖和水放入鍋中 (1)，攪拌均勻 (2)，以中火加熱。

· 刷子蘸水，不時刷鍋邊內壁（參考第 236 頁）。

· 糖水煮開後加入蜂蜜 (3)，放入溫度計進行測量，煮至 155℃ 即可。

· 在煮糖期間（約 10 ～ 15 分鐘），可開始準備糖飾底座。

· 手指沾油 (4)，將油抹在蛋糕模內壁。

· 取一張錫箔紙揉皺 (5)，然後打開鋪平，再把抹好油的蛋糕模放在上面 (6)。

數量：1 個
準備時間：1 小時左右

重點工具
厚底鍋 1 個
直徑 20 公分的蛋糕模 1 個
錫箔紙 1 張
煮糖漿溫度計 1 支
擀麵棍 1 根
抹刀 1 把
烘焙紙 1 張
剪刀 1 把

材料
冰糖 500g
礦泉水 150ml
刺槐蜂蜜 2 大匙
食用紅色素少許
純度為 90° 的酒精數滴
葵花籽油 1 大匙

1 糖和水放入鍋中。

2 將糖與水攪拌均勻，以中火加熱。若有需要，可以用刷子蘸水，不時刷洗鍋邊內壁。

3 待糖水煮開後加入蜂蜜，放入溫度計測量溫度。

4 在煮糖期間，可以將油輕輕抹在蛋糕模內壁。

5 將一張錫箔紙揉皺。

6 打開錫箔紙鋪平，再把塗好油的蛋糕模放在上面。

糖藝組裝飾品
Pièce de décor

- 用溫度計掌控糖漿溫度 (7)。也可取出一點糖漿放入冷水中測試，若糖漿凝固變硬，且可碎成玻璃狀即可準備關火（參考第 181 頁的介紹）。

- 糖漿熬煮好後，離火 (8)。立刻將鍋子放入冷水中降溫，使糖漿表面的氣泡完全消失 (9)。

- 將糖漿慢慢倒入蛋糕模內，同時加入幾滴食用色素染色。倒糖漿時，先倒在蛋糕模中間 (10)，再倒向四周，直到糖漿鋪滿整個模具底部 (11)，厚度不超過 6 ～ 7 公釐，即可停止倒入。

- 此時可以發現，糖漿底座形成如大理石般的花紋 (12)。靜置片刻，待糖漿完全冷卻、凝固變硬。

- 從糖飾底座上取下模具，再用剪刀把周邊多餘的錫箔紙剪掉 (13)，完成糖飾底座。

7 用溫度計來控制糖漿溫度，直到溫度達 155°C。

8 將鍋離火。

9 立刻把鍋子放入冷水中降溫，使糖漿表面的氣泡完全消失。

10 將糖漿慢慢倒入蛋糕模內，同時加入幾滴食用色素。

11 把糖漿倒向四周，直到糖漿鋪滿整個蛋糕膜底部，厚度達 6 ～ 7 公釐。

12 此時糖漿底座會形成大理石般的花紋。靜置片刻，待完全冷卻。

13 從糖飾底座上取下模具，然後剪掉周邊多餘的錫箔紙，完成糖飾底座。

糖藝組裝飾品

Pièce de décor

- 底座冷卻期間，將鍋中的糖煮至起泡。

- 在烘焙紙上撒幾滴 90° 的酒精。

- 待鍋中剩餘的糖漿煮開、充滿氣泡後，倒一小條在烘焙紙上 (14)。

- 抓住烘焙紙的 2 個紙角 (15)，輕輕抬起 (16)，使糖漿向前流動 (17)。

- 將糖漿慢慢攤成薄薄的一層，此時會發現上面布滿了許多小氣泡。

- 把氣泡糖片平放在桌上。也可以在烘焙紙下墊一根擀麵棍，使氣泡糖片形成一定的弧度 (18)，冷卻定型。

製作火焰糖片

- 鍋中糖漿以小火加熱，並加入食用紅色素，使糖漿呈大紅色。加熱至糖漿濃稠，黏度較強即可。

- 用抹刀舀一些糖漿 (19)，抹在烘焙紙上 (20)。

- 形成火焰形狀 (21)。

- 圖為理想的火焰糖漿形狀 (22)。

- 待其冷卻變硬即可。

組裝（用於沾黏所有組成零件的糖漿片不需留過多）

- 糖飾底座修整齊後，將氣泡糖片從烘焙紙上取下，同時輕輕掰碎成塊。

- 用剩餘的紅色糖漿將不同的糖片黏在一起。

- 運用自己的想像力組裝，不須過於複雜，簡單、輕巧即可。

Advice

- 這個糖藝組裝飾品放在餐桌的中央，會給客人留下深刻的印象。

- 當然，氣泡糖片和火焰糖片都可以單獨用來裝飾蛋糕。

14 在烘焙紙上撒幾滴 90° 的酒精，待鍋中的糖漿煮開、充滿氣泡後，在烘焙紙上倒一小條糖漿。

15 抓住烘焙紙的兩角。

16 輕輕抬起。

17 將糖漿慢慢攤成薄薄一層，此時會發現上面布滿了許多小氣泡。

18 也可以在烘焙紙底下墊一根擀麵棍，使氣泡糖片形成一定的弧度，然後冷卻定型。

19 鍋中的糖漿以小火加熱至濃稠，再加入食用紅色素，使糖漿呈大紅色。用抹刀舀一小部分的糖漿出來。

20 將糖漿抹在一張烘焙紙上。

21 抹出多個火焰形狀。

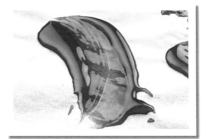

22 圖為糖漿的理想形狀，待其冷卻變硬後即可組裝。

糖絲
Sucre filé

· 將筷子放在桌面，前半部超過桌緣，正對下面的地上鋪張烘焙紙（防止地面黏糖）。

· 將糖、葡萄糖和水倒入厚底鍋中 (1)，用勺子攪拌均勻 (2)，並以中火加熱。

· 將溫度計放入糖漿中測量其溫度，直至溫度到達 150°C 即可 (3)。

· 如果發現鍋邊內壁黏有糖粒，可用刷子蘸水刷鍋邊 (4) 使糖粒融化。

· 圖為糖漿熬好後的外觀形態 (5)。

· 如果沒有溫度計，可以將勺子放入糖漿混合液中，然後立即放到冰水內降溫 (6)。若糖立即變硬且易碎，就表示熬煮好了。

· 糖漿一旦熬好後，須立刻離火，加入幾滴食用紅色素，用木筷攪拌均勻 (7)。

· 然後放置 1 分鐘，使糖漿變濃稠，且氣泡消失。接著將 2 把叉子放入糖漿中，再取出，讓糖漿慢慢流下 (8)。

· 待糖漿流量均勻後，在準備好的桌面筷子之間來回擺動 (9)，使糖漿形成細絲。重複上述方法 2 ～ 3 次，把糖漿都做成糖絲。

· 最後，小心地將糖絲從筷子上取下 (10)，覆蓋在蛋糕上即可。

Advice

· 可以將糖漿做成小球裝飾在甜點盤子上。

· 可搭配蛋糕，製作不同顏色的糖絲，當然無色也可以。

· 因為糖容易吸濕，所以最好在使用前才現做。而且建議在使用前，將糖絲放在密封的盒子裡保存。

數量：可裝飾中等大小蛋糕的量
準備時間：20 分鐘

重點工具
溫度計 1 個
刷子 1 把
木筷數根
烘焙紙數張

材料
冰糖 300g
礦泉水 100ml
食用色素數滴
葡萄糖 50g

1 將糖，葡萄糖和水倒鍋中。

2 用勺子攪拌均勻後，再以中火加熱。

3 放入溫度計測量糖漿溫度（到達 150°C 即可）。

4 如果發現鍋邊內壁黏有糖粒，需用刷子沾水，刷洗鍋邊，使糖粒融化。

5 圖為熬好的糖漿外觀。

6 如無溫度計，可將勺子放糖漿混合液中，再立即放入冰水降溫。若糖會立即變硬易碎，表示熬煮好了，可停止加熱。

7 加入幾滴食用紅色素。

8 放置 1 分鐘，使糖漿變濃稠，且氣泡消失。將 2 把叉子放入糖漿中，再取出，讓糖漿慢慢流下。

9 待糖漿流量均勻後，在準備好的桌面筷子間來回擺動，將糖漿拉成細絲。

10 最後，小心地將糖絲從筷子上取下即完成。

焦糖花
Fleurs en caramel

· 參考第 230 頁「糖藝組裝飾品」的步驟熬糖，但不需用到溫度計，因為製作焦糖花所需要的糖只要輕微有焦糖色即可（參考第 182 頁表格內容）。

· 糖上色後立即停止加熱，將鍋放入冷水中降溫。

· 焦糖做好後，用小勺舀一些放在烘焙紙上 (1)，使其呈圓形當作底座。

· 然後再舀些焦糖滴在烘焙紙上，同時用勺底拉焦糖 (2)，使焦糖呈水滴狀。

· 重複上述方法，製作多片大小不同的花瓣 (3)。

· 用勺子拖拉控制焦糖的按壓力道，會使花瓣產生凹凸感，呈現出多元的視覺效果 (4)。

· 放涼，使其變硬 (5)。

· 沾黏花瓣時 (6)，可以在花瓣底部沾一點融化的焦糖，也可以用打火機在花瓣底部加熱，使其融化。

· 將 3 片焦糖花瓣黏在底座上 (7)。

· 放涼變硬即完成。

Advice

· 這是一個簡單易做，且漂亮的裝飾品。這種類型的熬糖裝飾品都非常適合初學者製作。

· 熬糖製作時，要特別注意安全，避免手指被熱糖燙傷。

數量：20 朵
準備時間：25 分鐘

重點工具
厚底鍋 1 個
烘焙紙數張
打火機 1 個

材料
冰糖 250g
礦泉水 75ml
刺槐蜂蜜 1 大匙或葡萄糖 50g

1 焦糖熬煮好後，把鍋放入冷水中降溫。用小勺舀一點焦糖放在烘焙紙上，使其呈圓形當作底座。

2 舀些焦糖滴在烘焙紙上，同時用勺底拖拉焦糖，使焦糖呈水滴形。

3 重複步驟 2，製作出多片大小不同的花瓣。

4 以勺子拖拉焦糖的按壓力道會使花瓣產生凹凸感，呈現出多元的視覺效果。

5 將焦糖放涼，使其變硬。

6 在沾黏花瓣時，可以在花瓣底部沾融化的焦糖，也可以將花瓣底部用打火機加熱。

7 將 3 片焦糖花瓣黏在底座上，放涼即完成。

糖衣杏仁花
Fleurs en dragées

· 參考第 230 頁「糖藝組裝飾品」的步驟熬糖，但是不使用溫度計。製作焦糖花的糖只要輕微有焦糖色即可。

· 糖漿熬好後，立即放入冷水中降溫。

· 將焦糖滴在烘焙紙上 (1)。

· 根據需求，控制焦糖滴下的量製作底座 (2)，然後放涼使其變硬。

· 接下來把每個糖衣杏仁都蘸上一點點焦糖 (3)，黏在底座上 (4)。

· 每個底座上都黏上 3 個或更多糖衣杏仁 (5)，排成花形即可。花的大小根據自身需求製作。

· 可將一個小焦糖球 (6) 或者糖衣杏仁 (7) 放在花中央當作花蕊。.

· 待糖漿冷卻變硬即成。

Advice

· 杏仁花步驟簡單易做，你也可以將其放在洗禮或婚禮的甜品上裝飾。

數量：20 朵
準備時間：25 分鐘

重點工具
厚底鍋 1 個
烘焙紙數張

材料
冰糖 250g
礦泉水 75ml
刺槐蜂蜜 1 大匙或葡萄糖 50g
糖衣杏仁適量

1 糖漿熬好後，用一把小勺將糖漿滴在烘焙紙上。

2 根據需求，滴下適量的焦糖作為底座，待其放涼變硬。

3 把每個糖衣杏仁都蘸上一點點焦糖。

4 將糖衣杏仁黏在底座上。

5 每個底座上黏 3 個糖衣杏仁，排成花形即可。

6 將一個小焦糖球放在中央當作花蕊。

7 也可用各種顏色和造型的糖衣杏仁當作花蕊。

焦糖樹枝
Branche caramel

· 將 ½ 砂糖倒入厚底鍋中，以中火加熱，同時用木勺輕輕攪拌。

· 當糖融化後，加入剩下的 ½ 砂糖攪拌。

· 以小火加熱，使焦糖從清淡的焦糖色逐漸變成棕色流體。

· 焦糖熬好後，加入幾滴食用紅色素 (1)。

· 圖為理想的顏色 (2)。

· 將樹枝放在烘焙紙上 (3)，用湯匙舀一些紅色焦糖 (4)，澆在樹枝上 (5)，使焦糖均勻包裹住樹枝 (6)。

數量：1 支
準備時間：25 分鐘左右

重點工具
厚底鍋 1 個
烘焙紙 1 張
方形慕斯圈或圓形慕斯圈 1 個
不沾矽膠烤盤墊 1 張

材料
砂糖 400g
食用紅色素數滴
小樹枝 2 根（避免過多樹葉）

1 焦糖熬好後，在裡面加入幾滴食用紅色素。

2 圖為理想顏色。

3 將樹枝放在烘焙紙上。

4 用湯匙舀一些紅色焦糖。

5 小心地將紅色的焦糖澆在小樹枝上。

6 使焦糖均勻包裹住樹枝，並重複步驟 1 ～ 5，製作出 2 根焦糖樹枝。

焦糖樹枝

Branche caramel

- 將方形慕斯圈或圓形慕斯圈放在不沾矽膠烤盤墊上，然後倒入剩餘的焦糖 (7 和 8)。鍋底留少量焦糖，用來組合焦糖樹枝。

- 慕斯圈中的焦糖要光滑平整 (9)。放涼 10 分鐘左右，待其完全冷卻，變硬。即可把慕斯圈取下 (10)。

- 將鍋中的焦糖以微火加熱至變軟融化，關火，避免將焦糖煮開。

- 把焦糖樹枝根部沾上預留的焦糖 (11)，然後黏在焦糖底座上，即完成漂亮的裝飾 (12 ～ 14)。

- 將組裝好的焦糖樹枝放在平盤或平板上，以方便挪運。

Advice

- 在新年時以這種裝飾品裝飾餐桌是很好的選擇；也可以選擇糖片、杏仁膏玫瑰花、巧克力樹葉，甚至是杏仁膏小老鼠搭配組合。

- 焦糖製作的方法可以參考第 228 頁「焦糖榛果」的細部內容。

7　將方形慕斯圈或圓形慕斯圈放在不沾矽膠烤盤墊上，然後倒入剩餘的焦糖。

8　倒入大部分的剩餘焦糖後，只保留一小部分作為之後組合用。

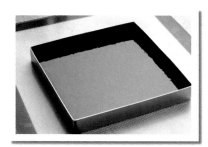

9　慕斯圈中的焦糖表面要光滑平整，並放涼 10 分鐘左右。

10　待焦糖完全冷卻、變硬，即可小心取下慕斯圈。

11　將焦糖樹枝根部浸在鍋中的焦糖裡，取出後黏在焦糖底座上。

12　開始組合。

13　把剩餘的焦糖樹枝也黏上。

14　將樹枝一一黏好後即完成。

拉糖玫瑰花
Rose en sucre tiré

· 將方糖和水倒入鍋中 (1)。以中火加熱並輕輕攪勻 (2)。

· 準備一個小容器，放入冷水，將刷子蘸濕。

· 不時用蘸水的刷子在鍋邊內側輕刷 (3)，全程保持鍋邊乾淨。

· 隨時注意不讓鍋邊的糖變色 (4)。

· 當糖煮開後，加入檸檬汁 (5)（加檸檬汁是為了使後面的操作更容易）。

· 然後加入紅色素 (6)，直到顏色達到所需狀態。再次用刷子清潔鍋邊 (7)。

· 將糖漿溫度控制在 148 ～ 150°C(8)。

準備時間：45 分鐘

重點工具
厚底鍋 1 個
乾淨刷子 1 把
煮糖漿溫度計 1 支（測溫範圍可達 180°C 的）
不沾矽膠烤盤墊 1 張
橡皮手套 1 雙（保護手指）
拉糖燈 1 盞（可在廚房用品專賣店買到）
剪刀 1 把
打火機或噴火槍 1 個
玫瑰花照片 1 張（也可以準備一朵真玫瑰，在組裝糖花時參考）

材料
方糖 500g
礦泉水 200ml
檸檬汁 ½ 小匙（或數十滴）
紅色食用色素少許

專業配方
砂糖 1000g
水 400ml
葡萄糖 200g
塔塔粉 ½ 小匙

1 將方糖和礦泉水倒入鍋中，以中火加熱。

2 輕輕攪拌均勻。

3 若有需要，可不時用蘸水的刷子在鍋邊內側輕刷。

4 應隨時注意鍋邊的糖，避免糖變色。

5 糖煮開時，加入檸檬汁。

6 加入紅色素。

7 若有需要，再次用刷子清潔鍋邊。

8 注意，糖漿溫度必須控制在 148～150°C。

拉糖玫瑰花
Rose en sucre tiré

- 糖漿熬好後，離火，倒在不沾矽膠烤盤墊上（當然也可以倒在事先塗上一層油的大理石檯面上）(9)。當糖漿不燙手後，戴上橡皮手套。

- 當糖漿開始凝結變稠，即可用手指將糖漿邊緣向內推疊 (10)，直到把攤開的糖漿都聚攏在一起。

- 當然也可以將不沾矽膠烤盤墊向內折疊 (11)，把糖漿聚攏成團狀 (12)。

- 聚集在一起的糖漿還會向外攤開，所以要重複將糖漿聚集 1 ～ 2 次，才可以進行後續的操作。

- 檢查糖的軟硬度 (13)，若糖的質地緊實，不再向外攤開，就可以了。

- 將糖拉長 (14) 再折疊，此時可發現其表面像緞帶一樣光亮 (15)，這表示糖拉到一定程度，表面會亮眼有光澤。

- 但若拉糖拉太過，光澤就會消失。

- 當糖表面出現光澤，而且均勻一致，即可停止拉糖 (16)。

- 然後把糖放在中等溫度的拉糖燈下保持溫度。

9　糖漿熬好後，將其倒在不沾矽膠烤盤墊上。若有需要，可戴上橡皮手套。

10　等糖漿開始凝結變稠，可用手指將糖漿邊緣向內推疊。

11　當然也可以借助不沾矽膠烤盤墊，將糖漿向內折疊，這樣會容易一些。

12　逐漸把糖漿聚攏呈團狀。

13　再次將糖漿向中心聚集，至糖漿不再向外攤開，質地變得緊實。

14　當糖快變涼時，將糖拉伸。

15　折疊糖漿，並反覆操作，直至糖變得亮眼有光澤。

16　當糖的表面變得像緞帶一樣均勻光亮時做出幾個小圓錐體，作為玫瑰花托。

拉糖玫瑰花
Rose en sucre tiré

- 取兩小塊糖，揉成小圓錐體，作為花托。

- 用手拉住糖的一端，把糖拉薄 (17)，拉出圓形 (18)。然後用剪刀將圓片剪下來 (19) 輕輕折疊，做成一片花瓣 (20)。

- 把花瓣圍在錐形花托上，作為花的中心 (21)。

- 用同樣方法繼續製作花瓣（約 3 ～ 4 片，根據花的大小會有不同），圍在花的中心周圍 (22)。

- 外圍的花瓣就不用折疊了，只將花瓣輕輕彎出一些弧度 (23)，讓它看起來自然些就可以了。

- 製作幾片這樣的花瓣後，放涼使其變硬 (24)。再用打火機或噴火槍 (25) 將每片花瓣底部燒融至軟，立即黏在花的中心底部。

- 當玫瑰花大小達到所需尺寸 (26)，將其放涼。

- 黏花瓣時，一定要把糖放在拉糖燈下，保持糖的柔軟度，以方便操作。

Advice

- 拉糖製作雖然比較複雜，但是做出來的成品，若用於裝飾蛋糕或點綴在整體成型的作品時，其效果是無與倫比的。

- 拉糖飾品需要大量實踐練習，才能學精。

- 熬糖時最好選用方糖，因為它比其他傳統糖粉更純。

- 拉糖燈能夠保持糖的溫度，方便作業。你可以在廚具專賣店買到拉糖燈，也可以更換較高瓦數的燈泡。當然，也可以使用微波爐，將熬好的糖加熱幾秒鐘，使其變軟再使用。

- 想學習專業糖藝飾品製作，可電子郵件聯繫 christophefelder@wanadoo.fr。

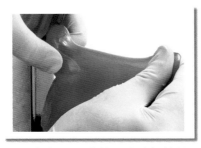

17 把糖放在中等溫度的拉糖燈下面，用手拉住糖的一端把糖拉薄（拉糖燈的溫度不要過高）。

18 拉出圓形。

19 用剪刀將圓片剪下來。

20 輕輕折疊糖片後，做成一片花瓣。

21 把花瓣圍在錐形花托上，作為花的中心。

22 用 3～4 片花瓣圍繞在花的中心。

23 外圍的花瓣就不用折疊了，只要將花瓣輕輕彎出一點弧度即可。

24 製作出幾片步驟 23 這型的花瓣後，放涼使其變硬。

25 用打火機或噴火槍，將每片花瓣的底部燒至軟。

26 立即將步驟 25 的花瓣黏在中心底部，當玫瑰花大小達到所需要求後即完成。

塑型翻糖

Pastillage

· 將吉利丁放入冷水中浸軟。

· 糖粉過細篩網，放到容器內 (1)。

· 將太白粉過細篩網，與糖粉混在一起 (2)。

· 把泡軟的吉利丁放入鍋中 (3)，以微火加熱融化（也可以放入微波爐中加熱，但要隨時注意溫度，避免溫度過高）。

· 吉利丁融化後，加入水和檸檬汁 (4)，同時攪拌。

· 攪拌均勻後 (5)，將其倒入糖粉中，同時用勺子攪拌。

· 把混合液與粉類材料充分攪拌均勻 (6)，和成麵團後倒在工作檯上。

數量：約 20 片
準備時間：20 分鐘
靜置時間：約 1 小時
風乾時間：1 晚

材料
吉利丁 1 片
糖粉 250g
太白粉 25g
水 200ml
檸檬汁 2 小匙
太白粉適量（預防沾黏用）

重點工具
細篩網 1 個
鋼盆 1 個
小尖刀 1 把
擀麵棍 1 根
勺子 1 支
各種餅乾模 1 個（可選擇自己
喜愛的形狀）

1 先將吉利丁放入冷水中浸泡變軟。糖粉過細篩網。

2 將太白粉過細篩網，與糖粉混合在一起。

3 把泡軟的吉利丁放入鍋中，以微火加熱。

4 加入水和檸檬汁。

5 攪拌均勻後，將步驟 4 的吉利丁混合物倒入糖粉中，同時用勺子攪拌。

6 拌至糖粉吸收完全部液體。

塑型翻糖

Pastillage

- 用手掌將糖粉麵團搓碎 (7)：此步驟的用意是為了讓糖粉、太白粉與水充分融合均勻。

- 將糖粉麵團揉壓成方形，放在保鮮膜上 (8)。

- 用保鮮膜將麵團包起來 (9)，冷藏靜置，醒麵 1 小時左右。

- 在工作檯上均勻撒上些許澱粉 (10)，切一塊糖粉麵團，擀成薄片 (11)。剩餘的糖粉麵團則再用保鮮膜包好，以免變乾、變硬。

- 擀成的薄片約 2 ～ 3 公釐厚 (12)，然後用小刀在薄片上割出多片葉子形狀 (13)，須割得俐落乾淨，一刀成型，避免出現毛邊。

- 去掉多餘的糖粉片 (14)，並將多餘的糖粉片集合成團，用保鮮膜包好。

- 用刀尖背部在每片葉子表面壓劃上葉脈紋路 (15)。

- 然後將樹葉形狀的塑型翻糖放入麵粉中定型 (16)，乾燥後即會變硬。

- 也可以使用餅乾模將塑型翻糖切割成所需形狀 (17)。也可用模型做出不同花樣，例如用平頭圓口花嘴切割掉中間的翻糖片做成鏤空圖形 (18)。

- 翻糖片乾燥變硬後，就可以使用了。

Advice

- 塑型翻糖有多種樣式及用途，如樹葉、水果（同杏仁膏用法，簡單易做）等。

- 樹葉翻糖片簡單易做，可裝飾水果蛋糕、塔或類似的小甜品，也可以用於組裝產品（參考第 210 頁）。

- 麵團不使用時，務必立即將其包裹好，放入冰箱保存。想再次使用時，可放入微波爐中加熱數秒即可使用。

7 把糖粉麵團倒在工作檯上。用手掌將麵團搓揉至質地均勻、潤滑。

8 將麵團揉成方形，放在保鮮膜上。

9 用保鮮膜將麵團包裹好，冷藏靜置，醒麵 1 小時左右。

10 在工作檯上均勻撒上澱粉。

11 切一塊麵團，擀製成片。

12 將麵團擀成厚度約 2 ～ 3 公釐薄片。

13 用小刀在薄片上面割出葉子的形狀。

14 去掉多餘的糖粉薄片（收集在一起後揉成團，再用保鮮膜包好）。

15 用刀背在每片葉子表面壓劃出葉脈紋路，小心不要讓薄片裂開。

16 然後將樹葉翻糖片放入麵粉中定型，乾燥後即會變硬。

17 也可以使用餅乾模將翻糖片切割成各種喜歡的形狀。

18 如利用平頭圓口花嘴戳掉中間的翻糖片，做成鏤空圖形。

蛋白霜蘑菇
Champignons meringués

· 以 80°C 預熱烤箱。

· 蛋白與砂糖放入一個容器內,隔著水以中火加熱 (1),開始攪打 (2)。

· 在混合液充分攪打變白成為蛋白霜前,始終將溫度維持在 45 ~ 50°C(3)。如果沒有溫度計,可以用手指感覺溫度,溫度大概比手指稍高就可以。

· 溫度超過 50°C 時,將容器從熱水中取出,繼續攪打,可用電動手持式攪拌器 (4),攪打至蛋白霜完全變涼、硬性發泡。

· 把打好的蛋白霜裝入帶有花嘴的擠花袋中。

· 在鋪有烘焙紙的烤盤上擠出蛋白霜,將蛋白霜擠成圓錐形 (5),作為蘑菇的菌柄。

· 圖為擠出來的最佳形狀 (6)。

· 將擠好的蛋白霜放入以 80°C 預熱的烤箱內,烤 15 分鐘。

數量：30 個
準備時間：25 分鐘
烹調時間：1 小時 25 分鐘

材料
蛋白 120g（4 個蛋的量）
砂糖 240g
可可粉適量

重點工具
鍋子 2 個（一大一小，隔水加熱用）
溫度計 1 支
電動手持式攪拌器 1 支
擠花袋 1 個
平頭圓口的花嘴 1 個（中等大小）
小刀 1 把
烤盤 2 個（事先鋪上烘焙紙）

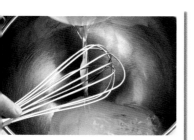

1 把蛋白與砂糖都放入一個容器內，隔水以中火加熱。

2 將步驟 1 的蛋白混合液打成白色蛋白霜。

3 打至溫度上升到 45 ～ 50°C。

4 溫度超過 50°C 時，將容器從熱水中取出，繼續攪打，也可用手持式電動攪拌器，打到蛋白霜完全變涼。

5 將蛋白霜打至硬性發泡，即可裝入帶有花嘴的擠花袋中。在鋪有烘焙紙的其中一個烤盤上擠出圓錐形蛋白霜。

6 圖為擠出來的最佳形狀。完成後放入溫度已達 80°C 的烤箱內，烤 15 分鐘。

蛋白霜蘑菇
Champignons meringués

- 在烤蛋白霜期間，準備製作蘑菇的蕈傘。

- 在鋪有烘焙紙的烤盤上將擠花袋中的蛋白霜擠成圓餅狀 (7)，擠的同時將花嘴輕輕下壓即可做出圓餅狀蛋白霜。

- 做出與蘑菇蕈柄相同數量的蕈傘 (8)。

- 在蕈傘表面撒上可可粉，再輕輕吹勻 (9)。

- 放入 80℃ 烤箱內，烤 10 分鐘。

- 蕈柄和蕈傘都烤好後，將蕈傘拿起，以小刀在底部挖個小孔 (10)，然後輕輕蓋在蕈柄上，同時輕輕地按一下 (11)。

- 將所有蛋白霜蘑菇做好後 (12)，放入 80℃ 烤箱中，烤 1 小時。

- 烤好的蛋白霜蘑菇要完全乾燥才行。

- 待其完全乾燥，放入密封盒子中保存。

Advice

- 雖然可以在商店裡買到品質更好的蛋白霜蘑菇裝飾，但是自己做就可以根據自己的喜好製作大小不同、規格不同的造型。

7 在鋪有烘焙紙的另一個烤盤上，將擠花袋中的蛋白霜擠成扁圓形。

8 製作出與蘑菇蕈柄相同數量的蕈傘。

9 在蕈傘表面撒上可可粉，放入80℃烤箱內，烤10分鐘。

10 將蕈傘拿起，用刀在底部挖個小洞。

11 輕輕蓋在蕈柄上。

12 將所有的烤蛋白蘑菇做好後，放入80℃的烤箱中烤1小時。

糖粉展台
Présentoir en glace royale

· 將糖粉用細篩網過濾到一個較大的容器內。

· 然後加入蛋白 (1)，用木勺攪拌均勻 (2)。

· 糖粉溶化時 (3)，加入檸檬汁拌打 (4)。

· 打至蛋白與糖粉變得濃稠黏厚，成為半流體的狀態 (5)。

· 將保麗龍放在乾淨的桌面上 (6)。

· 根據自己的需求將保麗龍裁剪成所需大小。利用燒熱的刀裁切保麗龍。

數量：1 個（中等大小）
準備時間：25 分鐘
乾燥時間：1 晚

重點工具
大容器 1 個
細篩網 1 個
木勺 1 把
打蛋器 1 個
乾淨保麗龍 1 塊（根據需要尺寸選擇）
抹刀 2 把（一大一小）

材料
糖粉 500g
蛋白 100g
檸檬汁 1 小匙

1　將糖粉用細篩網過濾到一個較大的容器內，然後加入蛋白。

2　用木勺攪拌均勻。

3　攪拌至糖粉溶化。

4　加入檸檬汁，拌打均勻。

5　打至蛋白與糖粉變濃稠黏厚，呈現半流體狀態。

6　將保麗龍放在乾淨的桌面上。

糖粉展台

Présentoir en glace royale

- 將一定量的蛋白糖霜倒在乾淨的保麗龍上 (7)，然後用抹刀將表面抹平 (8)。

- 表面完全覆蓋好後，用手將保麗龍托起，把邊緣多餘的蛋白糖霜粉抹掉 (9)。

- 再將保麗龍放在桌面上，利用大抹刀，將表面抹平整、光滑 (10)。

- 若表面留有抹刀痕跡，也可以適度震動保麗龍來消除刀痕。

- 再次拿起保麗龍，將蛋白糖霜抹在側面 (11)。

- 為了使側面的蛋白糖霜表面光滑，用抹刀在保麗龍表面輕輕下壓 (12)。

- 注意保持側面的蛋白糖霜厚度，避免過薄，好為下一步驟做好準備。當側面抹勻、抹光滑後，即可使用小抹刀進行裝飾 (13)。

- 用小抹刀在側面的蛋白糖霜上規律地抹出花紋 (14)。

- 在室溫下將做好的糖粉展台風乾一晚。

- 風乾後的展台會變硬，確認展台變硬後，就可以把裝飾好的蛋糕放上去。

Advice

- 這是婚禮或特別時刻使用的裝飾。可根據需求做成自己喜歡的形狀。

- 當然也可以根據自己喜好加入食用色素，做成各種顏色。

- 最後用塑型翻糖、糖藝飾品、拉糖花一起搭配，黏在糖粉展示台上裝飾，就可以使你的客人大開眼界！

7 在乾淨保麗龍上倒入適量蛋白糖霜。

8 用抹刀將表面抹平。

9 表面完全的覆蓋糖霜之後，拿起保麗龍，將邊緣的多餘糖霜抹掉。

0 將保麗龍放在桌面上，用大抹刀將表面抹得平整光滑。適當震動保麗龍來消除殘留刀痕。

11 再次把保麗龍拿起，在側面抹上一定厚度的蛋白糖霜。

12 為了使側面的蛋白糖霜表面光滑，可以用抹刀在表面輕輕地下壓。

3 使用小抹刀在側面進行裝飾。

14 圖為裝飾好的效果。

巧克力調溫

黑巧克力融化過程曲線圖

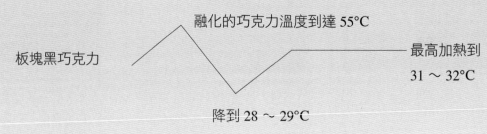

板塊黑巧克力　　融化的巧克力溫度到達 55°C　　最高加熱到 31 ～ 32°C　　降到 28 ～ 29°C

黑巧克力（可可含量至少 55%）搭配實例
可可塊 550g ／糖 450g ＋香草和大豆卵磷脂

牛奶巧克力融化過程曲線圖

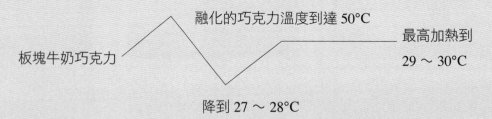

板塊牛奶巧克力　　融化的巧克力溫度到達 50°C　　最高加熱到 29 ～ 30°C　　降到 27 ～ 28°C

白巧克力融化過程曲線圖

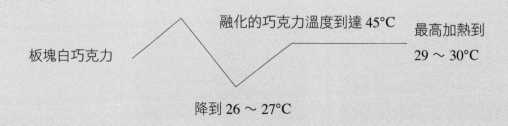

板塊白巧克力　　融化的巧克力溫度到達 45°C　　最高加熱到 29 ～ 30°C　　降到 26 ～ 27°C

如果不是做蛋糕，可以像平常一樣直接加熱或隔水加熱融化巧克力。哎哎哎！但是要養成習慣啊……如果做出來的成品品質沒問題，就可以按照這種方法繼續製作！

烤箱溫度對照表
EQUIVALENCES THERMOSTAT TEMPERATURE

刻度 ❶ = 50°C

刻度 ❷ = 60 ～ 80°C

刻度 ❸ = 90 ～ 110°C

刻度 ❹ = 120 ～ 140°C

刻度 ❺ = 150 ～ 170°C

刻度 ❻ = 180 ～ 200°C

刻度 ❼ = 210 ～ 230°C

刻度 ❽ = 240 ～ 260°C

刻度 ❾ = 270 ～ 290°C

刻度 ❿ = 300°C

致謝

感謝攝影：

Alain Gelberger/Catherine Bouillot：第 17 ～ 99 頁、107 ～ 175 頁、184 ～ 263 頁

在此衷心感謝每一位：

艾薇‧德拉馬蒂尼埃。刺激創意的弗洛朗斯‧雷克耶，謝謝！細心老練的羅何‧阿林，
做事精準且一絲不苟；熱心的布萊恩‧喬伊爾，提供有效的協助；熱愛美食的奧利維‧
克里斯汀；阿蘭‧傑爾柏格，卡特琳娜‧布優，充滿效率的優雅雙人組；卡門‧巴利亞，
提供火的洗禮；班傑明，既有耐性又有天分。思立微‧坎普拉，提供明智忠告與直率；
芙杭索瓦‧伍澤耶，她的點子；桑德琳‧季阿克貝緹和珍卡羅德‧埃米爾，純然天賦；
我的家人艾迪絲‧貝克。

這本書的食譜內容選自《克里斯道夫‧菲爾德的甜品課程》
《Les Leçons de pâtisserie de Christophe Felder》

第一版：

Les gâteaux de l'Avent de Christophe, © 2005 Éditions Minerva, Genève, Suisse

Les chocolats et petites bouchées de Christophe, © 2005 Éditions Minerva, Genève, Suisse

Les pâtes et les tartes de Christophe, © 2006 Éditions Minerva, Genève, Suisse

Les crèmes de Christophe, © 2006 Éditions Minerva, Genève, Suisse

La décoration en pâtisserie de Christophe, © 2006 Éditions Minerva, Genève, Suisse

Les macarons de Christophe, © 2007 Éditions Minerva, Genève, Suisse

Les brioches et viennoiseries de Christophe, © 2007 Éditions Minerva, Genève, Suisse

Les gâteaux classiques de Christophe, © 2008 Éditions Minerva, Genève, Suisse

Les mignardises de Christophe, © 2010 Éditions Minerva, Genève, Suisse

PÂTISSERIE!
L'ULTIME RÉFÉRENCE

法國甜點聖經平裝本 2

巴黎金牌主廚的
蛋糕、點心與裝飾課

作　　者 Christophe Felder
譯　　者 郭曉賡

編　　輯 李瓊絲
美術設計 閻虹、侯心苹

發 行 人 程安琪
總 策 畫 程顯灝
總 編 輯 呂增娣
主　　編 翁瑞祐、羅德禎
編　　輯 鄭婷尹、邱昌昊、黃馨慧
美術主編 吳怡嫻
資深美編 劉錦堂
行銷總監 呂增慧
資深行銷 謝儀方
行銷企劃 李承恩

發 行 部 侯莉莉
財 務 部 許麗娟、陳美齡
印　　務 許丁財
出 版 者 橘子文化事業有限公司

總 代 理 三友圖書有限公司
地　　址 106 台北市安和路 2 段 213 號 4 樓
電　　話 (02) 2377-4155
傳　　真 (02) 2377-4355
E － mail service@sanyau.com.tw
郵政劃撥 05844889 三友圖書有限公司

總 經 銷 大和書報圖書股份有限公司
地　　址 新北市新莊區五工五路 2 號
電　　話 (02) 8990-2588
傳　　真 (02) 2299-7900

製版印刷 鴻嘉彩藝印刷股份有限公司
初　　版 2015 年 11 月
一版二刷 2017 年 01 月

定　　價 新臺幣 480 元
Ｉ Ｓ Ｂ Ｎ 978-986-364-077-6

國家圖書館出版品預行編目 (CIP) 資料

法國甜點聖經平裝本 . 2：巴黎金牌主廚的蛋
糕、點心與裝飾課 / Christophe Felder 著；郭曉
賡譯 .-- 初版 .-- 臺北市：橘子文化，2015.11
　面；　公分
譯自：Patisserie：L'ultime reference
ISBN 978-986-364-077-6(平裝)

1. 點心食譜

　　　　427.16　　　104021863

甜點女王的百變咕咕霍夫：
用點心模做出鬆軟綿密的蛋糕與慕斯

賴曉梅 著／楊志雄 攝影／定價 520 元

甜點女王告訴你如何隨著本書，搭配矽膠點心模，製作出口感鬆軟綿密的咕咕霍夫蛋糕與慕斯，詳細的食材分量與作法說明，簡單上手的矽膠模型，隨著女王的完美手藝，在家自己做，健康零負擔！中英對照！

甜點女王的百變杯子蛋糕：
用百摺杯做出經典風味蛋糕

賴曉梅 著／楊志雄 攝影／定價 580 元

食安危機層出不窮，自己作最安心！甜點女王告訴你如何使用矽膠百摺杯烘烤出健康美味的杯子蛋糕，詳細的食材分量與作法說明，搭配簡單上手的安全矽膠模具，隨著女王的完美手藝，教你零失敗的烘焙祕訣！

甜點女王：50 道不失敗的甜點秘笈

賴曉梅 著／楊志雄 攝影／定價 580 元

甜點女王製作甜點的不敗祕技，以超過 700 張步驟圖解，鉅細靡遺的傾囊相授；全書 60 種甜點常用食材，21 樣必懂基本工具，嚴選 9 大類 50 道美味甜點，讓你製作零失敗。隨書附贈實作 DVD，隱藏版－巧克力威風蛋糕製作獨家公開。

甜點女王 2 法式甜點：甜點女王的零失敗
烘焙祕笈，教你做 54 款超人氣法式點心

賴曉梅、鄭羽真 著／楊志雄 攝影／定價 450 元

全書收錄 7 大經典類型、54 款超人氣的法式點心，從馬卡龍、手工巧克力、達克瓦茲，到手工軟糖、杯子蛋糕、閃電泡芙、法式甜點；近 1000 張的圖解步驟，搭配新手也看得懂的詳細作法，讓你輕鬆做出媲美職人的美味甜點！